AF904758

Die Theorie der
Synchronmaschine
im nichtstationären Betrieb

mit Anwendungsbeispielen
und unter Berücksichtigung der modernen
amerikanischen Literatur

Von

Dipl.-Ing. Th. Laible

Herausgegeben von der

Maschinenfabrik Oerlikon, Zürich

Mit 49 Abbildungen und 1 Titelbild

Springer-Verlag Berlin Heidelberg GmbH

1952

Alle Rechte, insbesondere das der Übersetzung
in fremde Sprachen, vorbehalten.
Copyright 1952 by Springer-Verlag Berlin Heidelberg
Ursprünglich erschienen bei Springer-Verlag 1952
Softcover reprint of the hardcover 1st edition 1952

ISBN 978-3-662-23939-1 ISBN 978-3-662-26051-7 (eBook)
DOI 10.1007/978-3-662-26051-7

Unterirdisches Kraftwerk Innertkirchen (Schweiz),
mit fünf Oerlikon-Generatoren von je 52 250 kVA, 428 U/Min. Die sichtbaren Aufbauten enthalten Spurlager, Haupt- und Hilfserreger, Pendelgenerator und Zentrifugalkontakt.

Zum Geleit.

Im ersten Viertel dieses Jahrhunderts widmete sich die Fachwelt mehr dem Ausbau der Theorie der Asynchronmaschinen und trachtete insbesondere danach, Motoren mit regelbarer Drehzahl zu schaffen. Im zweiten Viertel war das Interesse auf die Synchronmaschine gerichtet, begründet durch den damals einsetzenden Zusammenschluß großer Verteilnetze. Für die Lösung der dabei beobachteten Erscheinungen mußte die alte klassische Theorie der Synchronmaschine verfeinert und derart ausgebaut werden, daß nicht nur der stationäre Zustand, sondern auch die Ausgleichsvorgänge richtig dargestellt werden konnten. Die Maschinenfabrik Oerlikon hat seit Jahren diesen Problemen größte Aufmerksamkeit geschenkt und sie durch Herrn Laible laufend bearbeiten lassen, dessen theoretische Untersuchungen in betriebseigenen Berichten festgehalten wurden. Außerdem konnten an einer zu diesem Zweck gebauten Versuchsmaschine die theoretischen Ergebnisse auch experimentell nachgeprüft werden. Als dann anläßlich des 75jährigen Jubiläums der Maschinenfabrik Oerlikon der Entschluß reifte, diese internen Arbeiten zusammenzufassen und in Buchform zu veröffentlichen, wollte es der Zufall, daß zu gleicher Zeit ein ähnliches Buch von Charles Concordia in Amerika erschien. Man darf das wohl als Zeichen dafür betrachten, daß ein Bedürfnis nach einer zusammenfassenden Darstellung tatsächlich besteht. Dies bestärkte daher die Maschinenfabrik Oerlikon in ihrem Vorhaben, die jahrelangen Untersuchungen von Herrn Laible der deutschsprechenden Fachwelt zugänglich zu machen. Es wird damit nicht nur eine Übersicht über viele Originalarbeiten verschiedener Autoren, sondern auch eine sehr beachtenswerte Ergänzung der amerikanischen Veröffentlichungen geboten. Die vorliegende Arbeit vermittelt zudem eine sehr gute Einführung in diese neuesten Theorien, und zwar vom Standpunkt des europäisch geschulten Elektroingenieurs aus geschrieben. So hoffen wir, durch dieses Buch der Elektrizitätswirtschaft und den Technischen Hochschulen sowohl innerhalb der Schweiz wie über ihre Grenzen hinaus einen wertvollen Beitrag zur Heranbildung der jüngeren Generation geleistet zu haben.

Diplomingenieur **Josef Kristen**
Direktions-Adjunkt der Maschinenfabrik Oerlikon.

Zürich 50, im März 1952.

Vorwort.

Über die moderne Theorie des nichtstationären Verhaltens von elektrischen Maschinen gab es bisher keine zusammenfassende Darstellung. Das wurde besonders von den Ingenieuren in der Industrie und den Elektrizitätswerken, die sich öfters mit solchen Fragen befassen müssen, als Mangel empfunden. Das vorliegende kleine Buch wurde mit der Absicht geschrieben, wenigstens für die in dieser Hinsicht wichtigste Maschine diese Lücke auszufüllen. Während der Vorbereitungen zur Drucklegung erschien in Amerika in der gleichen Absicht das Buch von CH. CONCORDIA: „Synchronous Machines, Theory and Performance". Es bringt zum Unterschied vom vorliegenden Buch die Grundlagen sehr kurz, da bei den amerikanischen Lesern bereits eine gewisse Vertrautheit mit den Grundbegriffen und der dort üblichen Behandlungsweise vorausgesetzt werden darf. Dagegen sind die Anwendungen, besonders die Kurzschlußvorgänge, eingehender als in allen sonst bekannten Veröffentlichungen dargelegt. Im Gegensatz dazu habe ich der Entwicklung der allgemeinen Theorie und den Grundbegriffen bedeutend mehr Raum gewidmet, da den europäischen Lesern die aus den Vereinigten Staaten stammende Darstellungsart und die dabei verwendeten Begriffe weniger geläufig sind. Den Kern des Buches bilden die Kapitel 3 bis 5, in welchen die Entwicklungen aus diesem Grunde etwas breiter gehalten sind als in den anderen Teilen. Bei den Anwendungen wurden die erzwungenen und selbsterregten Pendelungen im Vergleich zur bisherigen Literatur eingehender behandelt. Hingegen beschränkt sich die Darstellung der Schaltvorgänge auf das grundsätzlich Wichtigste, da darüber zahlreiche gute Veröffentlichungen bestehen (siehe das Literaturverzeichnis). Mit Rücksicht auf den beabsichtigten bescheidenen Umfang des Buches wurden keine Zahlenbeispiele durchgerechnet. Hingegen sind alle wichtigeren Ergebnisse durch Kurven und Diagramme veranschaulicht, die sich auf ausgeführte Maschinen der Maschinenfabrik Oerlikon beziehen.

Für die Erlaubnis zur Benutzung dieser Unterlagen und der beigegebenen Abbildungen und vor allem für die Ermöglichung der Drucklegung dieser Arbeit bin ich der Direktion der Maschinenfabrik Oerlikon zu Dank verpflichtet. Besonders aber danke ich den Herren Dir. H. PUPPIKOFER, Dir.-Adj. J. KRISTEN und Dr. M. KRONDL für ihr Interesse, das die Fertigstellung des Buches ermöglichte. Meinen Mitarbeitern, Herrn H. BÜHLER und Herrn E. SAMSINGER danke ich schließlich für ihre Hilfe beim Lesen der Korrekturen.

Zürich, im März 1952. **Th. Laible**

Inhaltsverzeichnis.

I. Teil: **Darstellung der allgemeinen Theorie.**

1. Einleitung ... 1
   1.1. Historische Entwicklung ... 1
   1.2. Ziel dieser Arbeit ... 2

2. Einführung der Grundbegriffe ... 4
   2.1. Das Zeigerdiagramm der Synchronmaschine im stationären Betrieb 4
   2.2. Die Modellmaschine ... 6
   2.3. Leerlauf und Kurzschluß; die synchronen Reaktanzen ... 7
   2.4. Der Stoßkurzschlußstrom und die Stoßreaktanzen ... 9

3. Einführung dimensionsloser bezogener Größen ... 12
   3.1. Die Bezugsgrößen ... 12
   3.2. Die Umrechnung der wirklichen Größen in bezogene Größen ... 13
   3.3. Der stationäre Zustand und das Zeigerdiagramm in bezogenen Größen ausgedrückt ... 15

4. Die Beziehungen zwischen den Stranggrößen und den Achsengrößen ... 19
   4.1. Die Umrechnung der Ströme ... 19
   4.2. Die Umrechnung der Spannungen und der Leistung ... 21
   4.3. Die Umrechnung der Spannungsgleichungen ... 22
   4.4. Die Flußverkettungen der Längs- und Querachse ... 23
   4.5. Über die Koeffizienten in den Gleichungen der Flußverkettungen 26

5. Das vollständige Gleichungssystem für die Ausgleichsvorgänge 30
   5.1. Die Spannungsgleichungen für die Polradkreise ... 30
   5.2. Die Bewegungsgleichung der Maschine ... 31
   5.3. Zusammenstellung des gesamten Gleichungssystems ... 33
   5.4. Die Gleichungen der Synchronmaschine im Bildbereich ... 35
   5.5. Die Operatorenkoeffizienten ... 39
   5.6. Der dreisträngige Kurzschluß, ausgehend vom Leerlauf; bei vernachlässigbarem Statorwiderstand ... 43
   5.7. Die Schreibweise der Grundgleichungen in der amerikanischen Literatur ... 48

II. Teil: **Anwendung der Theorie auf besondere Fälle.**

6. Die Synchronmaschine im asynchronen Betrieb ... 51
   6.1. Asynchroner Lauf an symmetrischer Spannung mit konstantem Schlupf bei unerregtem Rotor ... 51
   6.2. Asynchroner Lauf bei erregtem Polrad ... 57
   6.3. Die Bewegungsgleichung der Synchronmaschine für Drehzahlen nahe bei der synchronen ... 59

6.4. Unsymmetrische Belastung im synchronen Lauf; Einphasenmaschine ... 61
6.5. Die Ortskurven der Reaktanzoperatoren ... 67

7. Kleine Schwingungen der Synchronmaschine ... 70
7.1. Die Grundgleichungen ... 70
7.2. Erzwungene Schwingungen von Synchronmaschinen ... 74
7.3. Stromschwankungen; Pendelreaktanz ... 78
7.4. Freie Schwingungen ... 83
7.5. Kleine Störungen des stationären Betriebes ... 87

8. Kurzschlußvorgänge ... 89
8.1. Der dreisträngige Kurzschluß anschließend an stationäre Belastung 89
8.2. Dreisträngiger Kurzschluß bei Stoßerregung ... 97
8.3. Der zweisträngige Kurzschluß ... 102
8.4. Das Drehmoment im Kurzschluß ... 111

Literaturverzeichnis ... 113
Anhang I: Herleitung des Drehmomentes aus der Leistungsbilanz 115
Anhang II: Die modifizierte Laplace-Transformation ... 117
Anhang III: Erläuterungen zu den beigegebenen Photographien ... 122
Tabelle der charakteristischen Konstanten von Drehstrommaschinen 125

Sachverzeichnis ... 126

Formelzeichen

der am meisten benutzten Begriffe.

Einige Buchstaben, die nur einmal vorkommen und dort erklärt sind, wurden nicht aufgenommen. Die Seitenzahlen verweisen auf die Stelle, wo das betreffende Symbol eingeführt wird.

A_{d1}, A_{d2}, A_q Koeffizienten in den Reaktanzoperatoren (40, 42)
B_f, B_{f1}, B_{f2}, B_D, B_{D1}, B_{D2} Koeffizienten in den Operatoren G_f (p), G_D (p) (42)
b Maß für die Unsymmetrie der Dämpferwicklung (105)
C_{f1}, C_{f2} Koeffizienten im Operator F_f (p) (43)
E vom Polradfluß im Stator induzierte EMK (4)
E′, E″ EMK hinter der Stoßreaktanz, bzw. hinter der flüchtigen Stoßreaktanz (95, 96)
$e = 2{,}718\ldots$ Basis der natürlichen Logarithmen
F_f (p), F_D (p) „Übersetzungs“-Operatoren für den Feldstrom (43)
f_n Nennfrequenz (12)
G_f (p), G_D (p), G_Q (p) „Übersetzungs“-Operatoren für den Statorstrom (39)
H Trägheitskonstante (32)
I Strom, konstanter Wert, Effektivwert eines Wechselstroms (5)
$\bar{I}$ Zeiger eines Wechselstroms (5)
I_0 Anfangswert (35) (meistens als bezogener Wert)
I_n Nennstrom (Effektivwert) (8)
I_{fl} Leerlauf-Feldstrom (auf der Luftspaltlinie) (8)
I_{fk} Kurzschluß-Feldstrom (8)
i Momentanwert eines zeitlich veränderlichen Stroms (13)
i bezogener Momentanwert eines zeitlich veränderlichen Stroms (13)
$\tilde{i}$ Bildfunktion des Momentanwerts (35)

$\mathfrak{i}$ pendelnder Anteil eines Stroms (70)

i' Stoßanteil des Kurzschlußstroms (92)

i'' flüchtiger Stoßanteil des Kurzschlußstroms (92)

i_s dauernder (stationärer) Anteil des Kurzschlußstroms (92)

i_a asymmetrischer (Gleichstrom-) Anteil des Kurzschlußstroms (92)

i_a, i_b, i_c Strangströme in der Statorwicklung (13)

i_1, i_2, i_0 symmetrische Komponenten des Statorstroms (20, 61)

i_d, i_q Statorströme, auf die d- bzw. q-Achse bezogen (15)

i_f Feldstrom (Erregerstrom, Polradstrom) (15)

i_D, i_Q Dämpferströme, auf die d- bzw. q-Achse bezogen (25)

$i_\sim$ Einphasiger Belastungsstrom einer Drehstrommaschine (66)

$i_f^{(2)}$ Wechselstromanteil des Feldstroms bei unsymmetrischer Belastung (64)

$\hat{i}_1$ Amplitude der Grundharmonischen des zweisträngigen Kurzschlußstroms (105)

i_r Reststrom des zweisträngigen Kurzschlußstroms (105)

J Trägheitsmoment (31)

$j = \sqrt{-1}$ imaginäre Einheit

k_S Synchronisierziffer (72)

k_D Dämpfungsziffer (72)

L Induktivitäten (Unterscheidung siehe Indizes) (5, 23)

M_A, M_E Drehmoment der Antriebsmaschine bzw. der Synchronmaschine (31)

m bezogenes Drehmoment der Synchronmaschine (16)

m_A bezogenes Drehmoment der Antriebsmaschine (32)

$\mathfrak{m}$ pendelnder Anteil des Drehmoments (72)

n bezogene Drehzahl (oder Winkelgeschwindigkeit) (32)

n_s synchrone Drehzahl (in U/min) (33)

P Leistung, Wirkleistung (14)

P_{sn} Nennscheinleistung (12)

p unabhängige Variable im Bildbereich (35), Polpaarzahl (nur 74, 75)

p bezogene Wirkleistung (14)

q bezogene Blindleistung (16)

R, R_f, R_D, R_Q Widerstände der Stator- bzw. Feld- bzw. Dämpferwicklung (5, 30)

r bezogener Widerstand der Statorwicklung (13)

r_k kritischer Wert des Widerstandes (84)

r_2 bezogener Gegenfeldwiderstand (63)

s Schlupf (32), Sättigungsmaß (nur 14 und 16)

T Zeitkonstante (Unterscheidung siehe Indizes) (30, 31, 32, 46)

t Zeit in sek. (12)

t bezogene Zeit, Zeit in rad (15)

$U, u, u, \mathfrak{u}$ Spannungen (Unterscheidung siehe Ströme)

u_p „Potier"-Spannung (18)

$u_2^{(3)}$ dritte Harmonische der Gegenfeldspannung (64)

u_c hochfrequenter Anteil der wiederkehrenden Spannung (102)

x_d, x_q synchrone Reaktanzen der Längs- bzw. Querachse (14)

x_d' Stoßreaktanz („transient reactance") (14, 41)

x_d'', x_q'' flüchtige Stoßreaktanzen („subtransient reactances") der Längs- bzw. Querachse (14, 29, 42)

x_2 Gegenfeldreaktanz (63)

x_0 Nullreaktanz (26)

x_p „Potier"-Reaktanz (18)

$x_\sim$ Pendelreaktanz (81)

$x_d(p), x_q(p)$ Reaktanzoperatoren der Längs- bzw. Querachse (39)

z_2 Gegenfeldimpedanz (63)

$\alpha_{d1}, \alpha_{d2}, \alpha_q$ Nullstellen der Admittanzoperatoren $\frac{1}{x_d(p)}, \frac{1}{x_q(p)}$ (39, 42)

α_r Dämpfungsdekrement des asymmetrischen Kurzschlußstroms (91)

$\beta_{d1}, \beta_{d2}, \beta_q$ Nullstellen der Reaktanzoperatoren $x_d(p), x_q(p)$ (40, 42) = Kurzschluß-Dämpfungsdekremente

β', β''	Dämpfungsdekremente des Kurzschlußstroms (92, 106)
γ	Winkel zwischen Hauptachse der Pendelellipse und Stromzeiger (80)
γ_f, γ_D	Nullstellen der Operatoren $G_f(p)$, $G_D(p)$ (42)
δ	Polradwinkel (5)
ε	Pendelwinkel (70)
ζ	Resonanzmodul (75)
ϑ	Winkel zwischen Längsachse und Statorstrang a (19)
λ	bezogene Pendelfrequenz (70)
μ_d, μ_f, μ_D	Abschirmungskoeffizienten (26)
ν	bezogene Eigenfrequenz (75)
π	$= 3{,}1416\ldots$
ϱ	Dämpfungsdekrement der erzwungenen Schwingungen (75), Stoßerregungsfaktor (nur 98 bis 101)
σ	Streukoeffizient (Unterscheidung siehe Indizes) (11, 25)
τ	laufende Variable für Zeitintegrale (44)
υ	Ungleichförmigkeitsgrad (76), bezogene Frequenz der wiederkehrenden Spannung (102)
φ	Phasenwinkel zwischen Strom und Spannung (5)
χ	Phasenwinkel des Pendelmoments (55)
Ψ	Flußverkettung } (Unterscheidung siehe Ströme) (5, 15)
ψ	bezogene Flußverkettung } (Unterscheidung siehe Ströme) (5, 15)
$\psi_\sim$	Pendel-Flußverkettung (Pendel-EMK) (81)
ω	Kreisfrequenz (5), Winkelgeschwindigkeit (32).

Indizes:

a, b, c	Statorstränge
a	asymmetrischer Anteil des Kurzschlußstroms
D	Dämpferwicklung in der Längsachse
d	Längsachse (allgemein), Ersatzwicklung für Stator in der Längsachse
f	Feldwicklung (Erregung, Polradwicklung)
k	Kurzschluß-, kritisch [nur r_k, λ_k (84)]
l	Leerlauf-
m	mechanisch (ω_m 32), Mittelwert (m_m 52)
n	Nennwert, Bezugsgröße
O	Anfangswert
o	stationärer Wert
p	„Potier"- (nur u_p, x_p 18, 74), Pendel- (m_p 55)
Q	Dämpferwicklung in der Querachse
q	Querachse (allgemein), Ersatzwicklung für Stator in der Querachse
s	stationärer Wert (Kurzschlußstrom), Schein- (P_s), Synchron (ω_s, n_s) (31, 33) synchronisierend (m_s 58)
1, 2, 0	Mit-, Gegen-, Null-System, symmetrische Komponenten.

Besondere Symbole:

	Entsprechung zwischen Original- und Bildfunktion (41, 117)
*	Faltungsintegration (44, 118)

Erster Teil.

Darstellung der allgemeinen Theorie.

1. Einleitung.

1.1. Historische Entwicklung. Die Theorie des stationären Verhaltens der Wechselstrommaschinen ist seit langem im wesentlichen abgeschlossen. Sie hat durch die allgemein benutzte Methode der komplexen Rechnung (auch symbolische Methode genannt) und ihrer graphischen Darstellung durch Zeigerdiagramme auch eine einheitliche Form gefunden. Es existieren zahlreiche Lehrbücher, die alles Wissenswerte darüber enthalten. Von den deutschsprachigen seien als bekannteste nur diejenigen von ARNOLD, RICHTER, LIWSCHITZ, BRAGSTAD-SKANCKE, HAUFFE, MICHAEL, SEQUENZ-BÖDEFELD genannt. Im Gegensatz dazu fand das Verhalten der Maschinen im nicht stationären Betrieb lange nicht die gleiche Aufmerksamkeit. Am besten geht das daraus hervor, daß in den genannten Werken nur sehr wenig darüber zu finden ist.

Die wichtigste Maschine, bei der Ausgleichsvorgänge eine für den Betrieb bedeutsame Rolle spielen, ist die Synchronmaschine. Es ist daher kein Zufall, daß der Ausbau der Theorie der Ausgleichsvorgänge bei dieser Maschine begann. Dieser Ausbau geschah fast ausschließlich in den Vereinigten Staaten von Amerika, wenn auch die ersten Veröffentlichungen an europäische Arbeiten von BLONDEL [1—4][1] und DREYFUS [5—8, 9] anknüpften. Es hat sich dort aus diesen Anfängen eine einheitliche Darstellung entwickelt, die in der neueren amerikanischen Literatur ganz allgemein Anwendung findet und auch in die amerikanischen Vorschriften aufgenommen wurde [25, 26]. In der europäischen Literatur hat diese Entwicklung bis jetzt wenig Beachtung gefunden.

Die amerikanische Theorie ist durch drei wesentliche Merkmale gekennzeichnet:

a) Die Zwei-Achsen-Theorie wird konsequent für alle nicht stationären Vorgänge durchgeführt. BLONDEL [2, 4] hatte außer dem stationären Betrieb nur den speziellen Fall kleiner Schwingungen auf diese Weise behandelt. Im Gegensatz zu der rein formalen Behandlung bei DREYFUS und BIERMANNS [5—9] wird Wert auf die physikalische Interpretation gelegt, d. h. die Längsfeld- und Querfeld-Ströme, -Spannungen, -Flüsse werden nicht nur als Kombinationen der entsprechenden

[1] Die Zahlen in den Klammern beziehen sich auf das Literaturverzeichnis auf S. 113.

Stranggrößen aufgefaßt, sondern man denkt sich geeignete Ersatzwicklungen, an denen man diese Größen wirklich messen könnte. Die Ansätze von DOHERTY und NICKLE [10—13] und PARK [14—17] waren in dieser Hinsicht allerdings noch nicht befriedigend. Vollständig wurde diese Aufgabe dann durch KRON [21, 22] gelöst und zwar ganz allgemein für jede elektrische Maschine.

b) Es wird ausschließlich mit dimensionslosen, bezogenen Größen („Per-Unit values") gerechnet. Das bringt zwar gewisse Gefahren mit sich, da die Möglichkeit, durch die Dimensionen die Richtigkeit der Gleichungen kontrollieren zu können, verlorengeht. Die Vorteile bestehen demgegenüber in Vereinfachungen mancher Gleichungen und vor allem darin, daß sich jede wichtige Größe stets nur in einem engen, für sie charakteristischen Bereich von Zahlenwerten bewegt. Jede für einen bestimmten Fall durchgeführte Rechnung nimmt daher einen allgemeineren Charakter an und gilt mindestens als Näherung auch für viele andere Fälle. Vor allem dieser Vorteil hat dem System allgemeinen Eingang verschafft. Es wurde zuerst von DOHERTY und NICKLE [10—13] eingeführt und am eingehendsten von PARK und ROBERTSON [14] dargestellt. In neuester Zeit hat RANKIN [24] einige Änderungen des ursprünglichen Systems vorgeschlagen.

c) Für die Behandlung der Ausgleichsvorgänge wird in Amerika ausschließlich die Heavisidesche Operatorenrechnung verwendet. Diese hat bekanntlich schwerwiegende Mängel. Ihrer wenig soliden Begründung wegen führt sie leicht zu falschen Resultaten. Ferner kann sie nur ganz spezielle Anfangsbedingungen berücksichtigen. Dieser Mängel wegen ist sie auf andern Gebieten, z. B. der Reglertheorie, auch in Amerika durch die modernere, einwandfreie Methode der LAPLACE-Transformation verdrängt worden. Für das Gebiet der elektrischen Maschinen ist das aber bis heute noch nicht geschehen.

1.2. Ziel dieser Arbeit. Trotzdem die Zwei-Achsen-Theorie in Amerika so große Anwendung gefunden hat, gab es auch in der amerikanischen Literatur bis vor kurzem keine zusammenfassende Darstellung, die in einwandfreier Weise die Grundgleichungen und die Grundvorstellungen herleitet[1]. Um eine solche Grundlage zu erhalten, ist mindestens die Durcharbeitung von 8 bis 9 Arbeiten (vor allem [10—16] und eines Teils von [22]) notwendig. Dieses Buch stellt sich daher als erstes Ziel, eine solche zusammenfassende Darstellung zu geben, um das Studium der zahlreichen und wichtigen neueren amerikanischen Literatur zu erleichtern. Vorausgesetzt wird, daß der Leser die Theorie des stationären

[1] Nach Fertigstellung dieses Manuskripts ist ein Buch von CONCORDIA [35] erschienen. Es bringt die Herleitung der eigentlichen Grundgleichungen sehr kurz, befaßt sich dafür sehr eingehend mit den Kurzschlußvorgängen.

Verhaltens, wie sie z. B. in den schon genannten deutschen Lehrbüchern dargestellt wird, einigermaßen kennt. Es läßt sich nicht umgehen, daß viele in der europäischen Literatur bisher ungewohnte Begriffe und Vorstellungen eingeführt werden müssen. Um den Leser darüber hinaus nicht mit noch mehr Ungewohntem zu belasten, habe ich auf die Anwendung der Matrizenrechnung oder der KRONschen Tensorrechnung verzichtet, wenn auch dadurch manche Ableitung schwerfälliger und weniger elegant wird. Als zweites Ziel verfolgt diese Arbeit die Theorie der Ausgleichsvorgänge auf den Boden der LAPLACE-Transformation und damit auf einwandfreie und gleichzeitig allgemeiner gültige Grundlage zu stellen. Es wird übrigens für diesen Zweck nur ein beschränkter und verhältnismäßig einfacher Teil aus der Theorie der LAPLACE-Transformation benötigt. Für Leser, die damit nicht vertraut sind, wird im Anhang eine kurze Einführung im hier benötigten Umfang gegeben.

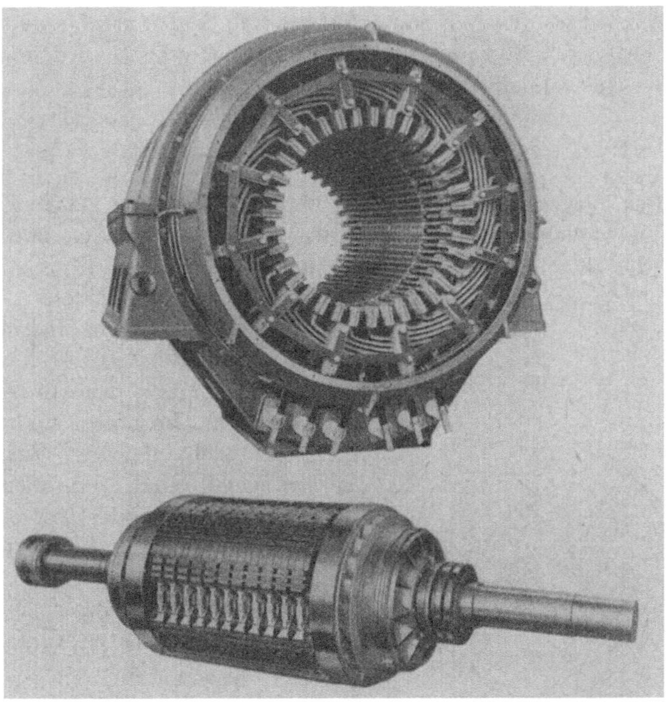

Abb. 1. Ständer und Läufer eines Synchronmotors für 6 MW, 1500 U/min. Schnellaufende Maschine mit ausgeprägten Polen (Kammkonstruktion).

Das Ziel, die Grundlagen vollständig und einwandfrei zu geben, machte es unvermeidlich, daß in einzelnen Abschnitten rein formale Ableitungen überwiegen. Durch Herausarbeiten des anschaulichen Inhalts der Formeln wurde stets versucht, das Verständnis auch dem weniger mathematisch Veranlagten zu erleichtern.

Die nachstehenden Untersuchungen beziehen sich in erster Linie auf Synchronmaschinen mit ausgeprägten Polen (Abb. 1). Das bedeutet aber keine Einschränkung, da die Vollpolmaschinen (Turbogeneratoren und Synchron-Induktionsmaschinen) und die Induktionsmaschinen sich als Spezialfälle der Maschine mit ausgeprägten Polen ergeben.

Eine kurze Bemerkung sei noch den Bezeichnungen gewidmet. Im Hinblick auf das erste Ziel der Arbeit hätte es nahegelegen, die amerikanischen Bezeichnungen möglichst unverändert zu übernehmen. Es hätten sich dabei aber so starke Abweichungen von den europäischen Gepflogenheiten ergeben, daß ein Kompromiß vorgezogen wurde. Die amerikanischen Bezeichnungen wurden überall dort beibehalten, wo es sich mit den hier üblichen Bezeichnungen vereinbaren läßt, hingegen dort durch geeignet scheinende neue ersetzt, wo die Abweichung vom Üblichen zu stark gewesen wäre. Auf die sich daraus ergebenden Unterschiede gegenüber den amerikanischen Bezeichnungen wird jeweils bei passender Gelegenheit aufmerksam gemacht.

2. Einführung der Grundbegriffe.

2.1. Das Zeigerdiagramm der Synchronmaschine im stationären Betrieb. Wir wollen, um an Bekanntes anzuknüpfen, vom stationären Betrieb der Synchronmaschine ausgehen. Um die Überlegungen nicht unnötig zu komplizieren, werden wir eine ungesättigte Maschine voraussetzen. Abb. 2 stellt schematisch eine zweipolige, dreisträngige Maschine dar. Im Stator sind die drei unter sich gleichen Wicklungsstränge a, b und c räumlich um je 120° gegeneinander versetzt angeordnet. Das Polrad trägt die Erregerwicklung oder Feldwicklung f, der von außen der Gleichstrom I_f zugeführt wird. In Abb. 2 und allen späteren Figuren setzen wir rechtsgängig gewickelte Spulen voraus. Der Bezugssinn für den Spulenfluß ist dann stets derselbe wie für den eingezeichneten Strom. Bei der Drehung des Polrads mit der Winkelgeschwindigkeit ω wird in jeder der drei Statorwicklungen eine Wechsel-EMK $\overline{E}$ mit der Kreisfrequenz ω induziert. Sind die Wicklungen auf

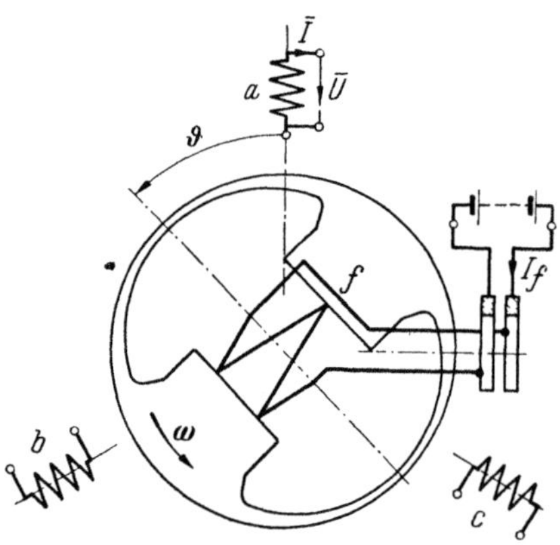

Abb. 2. Zweipoliges Prinzipschema einer Synchronmaschine.

irgendwelche symmetrische Impedanzen belastet, so fließen in ihnen Wechselströme der Frequenz ω. Da das Polrad $1/3$ Umdrehung später gegenüber dem Strang b genau die gleiche Lage hat wie im gezeichneten Augenblick gegenüber a, haben die EMK und der Strom in b genau den gleichen Verlauf wie diejenigen in a; nur sind sie um die Zeit $2\pi/3\omega$ verspätet. Entsprechendes gilt für den Strang c. Es genügt daher, die Vorgänge in einem Strang, zum Beispiel a, zu betrachten.

Die Klemmenspannung $\overline{U}$ ist um den Spannungsabfall $\overline{I} \cdot (R + j\omega L)$ kleiner als die vom Polradfluß induzierte EMK $\overline{E}$. Nun ist aber die Induktivität L nicht konstant, sondern von der Stellung des Polrades abhängig. Fällt die Polradachse mit der Achse des Statorstrangs a zusammen ($\vartheta = 0$), so ist der wirksame Luftspalt am kleinsten. Die Induktivität L hat daher in dieser Stellung ihren größten Wert L_d (Längsfeldinduktivität). In der Querstellung des Polrades ($\vartheta = 90°$) hat die Induktivität ihren kleinsten Wert L_q (Querfeldinduktivität). Man bezeichnet allgemein die Polachse als Längsachse (franz. axe directe, engl. direct axis); alle Größen, die sich auf sie beziehen, erhalten den Index d. Die Achse der Pollücke heißt Querachse (franz. axe transversale, engl. quadrature axis) und die auf sie bezüglichen Größen erhalten den Index q. Mit Hilfe dieser beiden Induktivitätswerte läßt sich das Zeigerdiagramm für den stationären Betrieb aufstellen. Es ist in Abb. 3 beispielsweise für eine Maschine gezeichnet, die generatorisch-kapazitiv arbeitet. Projiziert man alle Größen auf die beiden Achsen d und q, so läßt sich das Zeigerdiagramm durch die reellen Gleichungen

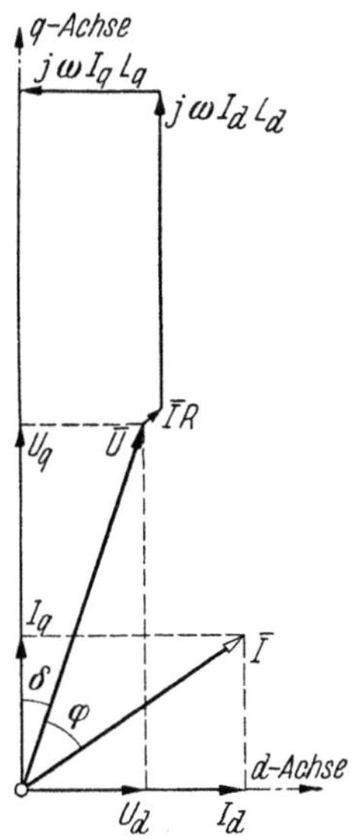

Abb. 3. Zeigerdiagramm in der üblichen Darstellung.

$$\left.\begin{aligned} U_d &= U \cdot \sin\delta = -I_d \cdot R + I_q \cdot \omega \cdot L_q\,, \\ U_q &= U \cdot \cos\delta = -I_q \cdot R - I_d \cdot \omega \cdot L_d + E \end{aligned}\right\} \quad (1)$$

$$\left.\begin{aligned} I_d &= I \cdot \sin(\delta + \varphi)\,, \\ I_q &= I \cdot \cos(\delta + \varphi) \end{aligned}\right\} \quad (2)$$

darstellen. Wir führen nun noch die Flußverkettung Ψ_a des betrachteten Statorstrangs mit dem ganzen in der Maschine vorhandenen Fluß ein. Dieser setzt sich zusammen aus dem vom Erregerstrom I_f erregten und dem von den Statorströmen I_a, I_b, I_c erregten Fluß. Die gesamte Flußverkettung schwankt ebenfalls mit der Polradstellung zwischen zwei Grenzwerten, der Längsfeld- und der Querfeldflußverkettung.

$$\left.\begin{aligned} \Psi_d &= I_d \cdot L_d - E/\omega\,, \\ \Psi_q &= I_q \cdot L_q\,. \end{aligned}\right\} \quad (3)$$

Führen wir diese beiden Größen noch in (1) ein, so können wir schreiben:

$$\left.\begin{aligned} U_d &= -\,I_d \cdot R + \omega \cdot \Psi_q\,, \\ U_q &= -\,I_q \cdot R - \omega \cdot \Psi_d\,. \end{aligned}\right\} \quad (4)$$

Diesen Gleichungen entspricht das vereinfachte Zeigerdiagramm Abb. 4.

2.2. Die Modellmaschine. Die Gl. (4) und das Zeigerdiagramm Abb. 4 zeigen, daß die resultierende EMK in jeder Achse nur von der Flußverkettung in der dazu senkrechten Achse herrührt. Das erinnert an die Gleichstrommaschine, wo man die EMK ebenfalls in der Achse senkrecht zum Polfluß, in der Neutralen, abnimmt. Diese Verwandtschaft ist nicht zufällig. Tatsächlich läßt sich die Synchronmaschine genau durch eine

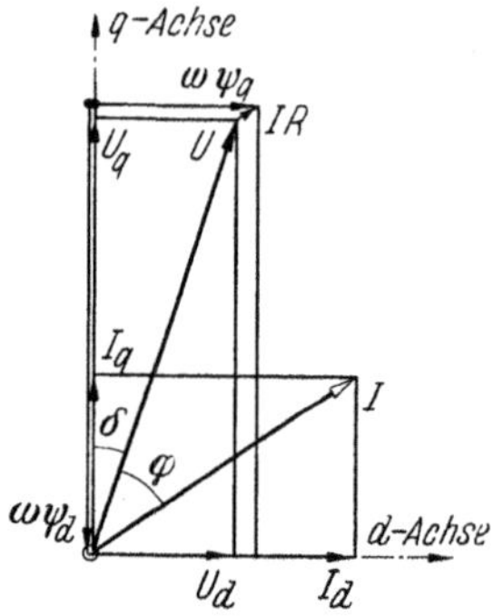

Abb. 4. Zeigerdiagramm mit Zerlegung aller Größen in Komponenten nach den Achsen.

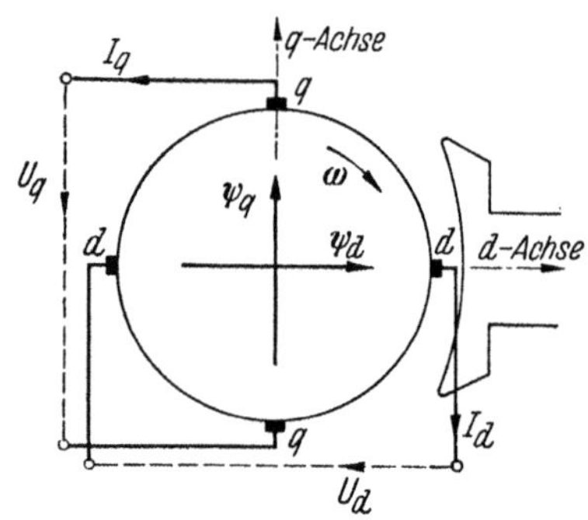

Abb. 5. Grundschema der Modellmaschine.

Gleichstrommaschine nach Abb. 5 „abbilden". Für diese Gleichstrommaschine gelten ebenfalls die Gl. (4). Wir erkennen auf diese Weise, daß die ursprünglich als reine Rechnungsgrößen eingeführten U_d, U_q, I_d, I_q, Ψ_d, Ψ_q reale Bedeutung haben und an einer Modellmaschine nach Abb. 5 sogar direkt meßbar sind. Damit eine solche Modellmaschine die Synchronmaschine genau ersetzt, muß sie allerdings so feine Lamellenteilung haben, daß die Kommutierungsvorgänge keine spürbare Rückwirkung geben. Das bedeutet für die praktische Ausführung eines solchen Modells eine Erschwerung. Es ändert aber nichts daran, daß sie grundsätzlich möglich ist.

Die Größen U_d, U_q, I_d, I_q, Ψ_d, Ψ_q sind im stationären Betrieb konstant, können also als Gleichspannungen, Gleichströme usw. gedeutet werden.

Es wird daher jetzt klar, warum mit ihrer Hilfe sich die Gleichungen der Synchronmaschine ohne Zuhilfenahme der komplexen Schreibweise darstellen ließen. Ähnliche Vereinfachungen, wie wir sie hier im stationären Betrieb gefunden haben, werden wir später bei der genauen Untersuchung auch für nicht stationäre Vorgänge finden.

Man kann sich die Modellmaschine nach Abb. 6 auch noch mit Schleifringen ausgerüstet denken. An einer solchen Maschine kann man dann nicht nur die Größen U_d, U_q usw., sondern auch die Stranggrößen U_a, U_b, U_c usw. direkt messen, denn von den Schleifringen aus betrachtet, hat man ja die ursprüngliche Maschine, bei der nur jetzt der frühere Stator rotiert und das Polrad stillsteht.

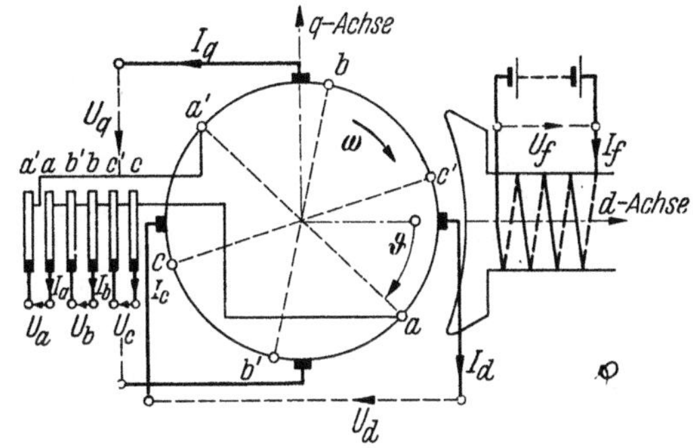

Abb. 6. Vollständiges Schema der Modellmaschine.

2.3. Leerlauf und Kurzschluß; die synchronen Reaktanzen. Sind alle drei Stränge einer Synchronmaschine kurzgeschlossen, so sind mit U auch U_d und U_q gleich Null. Die Bürsten der Modellmaschine sind also ebenfalls kurzgeschlossen. Man findet durch Auflösung des Gleichungspaares (1):

$$\left.\begin{aligned} I_d &= \frac{E \cdot \omega \cdot L_q}{R^2 + \omega^2 \cdot L_d \cdot L_q}, \\ I_q &= \frac{E \cdot R}{R^2 + \omega^2 \cdot L_d \cdot L_q}. \end{aligned}\right\} \quad (5)$$

Praktisch ist der Widerstand R meist vernachlässigbar. Man hat dann

$$I_k = I_d = \frac{E}{\omega \cdot L_d}; \quad I_q = 0. \quad (6)$$

Öffnet man die Klemmen der Maschine bei unveränderter Erregung, so findet man, da nun $I = I_d = I_q = 0$,

$$U_l = U_q = E; \quad U_d = 0. \quad (7)$$

Die Reaktanz

$$\frac{U_l}{I_k} = \omega \cdot L_d \quad (8)$$

bezeichnet man als die synchrone Reaktanz, genauer als synchrone Längsfeldreaktanz, der Maschine. $\omega \cdot L_q$ wird entsprechend als synchrone Querfeldreaktanz bezeichnet.

Nimmt man experimentell die Leerlaufspannung U_l und den Kurzschlußstrom I_k in Abhängigkeit vom Erregerstrom I_f auf, so erhält man die Leerlaufcharakteristik 1 oder Magnetisierungskurve und die Kurzschlußcharakteristik 2 der Abb. 7. Die Leerlaufcharakteristik hat infolge der für die Magnetisierung des Eisens erforderlichen Amperewindungen die bekannte gekrümmte Gestalt. Zeichnet man die Verlängerung 1 a des ersten geradlinigen Teils von 1, so stellt diese denjenigen Anteil des Stromes I_f dar, den allein die Magnetisierung des Luftspalts erfordert. Man nennt daher 1 a die Luftspaltlinie. Als Leerlauferregerstrom I_{fl} bezeichnet man denjenigen Wert von I_f, bei dem die Spannung auf der Luftspaltlinie gleich der Nennspannung U_n der Maschine wird.

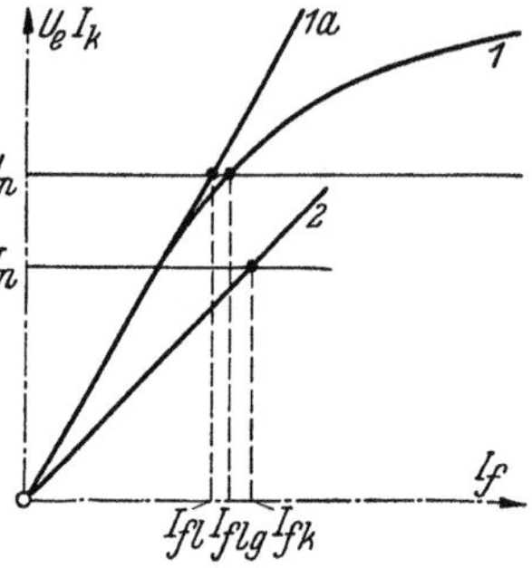

Abb. 7.
Leerlauf- und Kurzschlußkennlinien.

Den entsprechenden Wert auf der wirklichen Magnetisierungskurve bezeichnet man zum Unterschied als gesättigten Leerlauferregerstrom I_{flg}. Beim Kurzschluß bleiben bis über den Nennstrom hinaus die Flüsse im Eisen klein. Daher ist die Kurzschlußcharakteristik 2 im praktisch gebrauchten Bereich eine Gerade. Als Kurzschlußerregerstrom I_{fk} bezeichnet man denjenigen Wert von I_f, für den der zugehörige Kurzschlußstrom gleich dem Nennstrom I_n der Maschine wird. Als Kurzschlußverhältnis bezeichnet man das Verhältnis I_{fl}/I_{fk} (Ungesättigtes Kurzschlußverhältnis) oder I_{flg}/I_{fk} (Gesättigtes Kurzschlußverhältnis). Ohne nähere Bezeichnung meint man meist den zweiten Wert. Mit diesen Werten kann man die Gleichungen der Luftspaltlinie und der Kurzschlußcharakteristik schreiben:

$$U_l = U_n \cdot \frac{I_f}{I_{fl}}, \tag{9}$$

$$I_k = I_n \cdot \frac{I_f}{I_{fk}}. \tag{10}$$

Setzt man diese beiden Ausdrücke in (8) ein, so findet man für die synchrone Längsfeldreaktanz die wichtige Beziehung:

$$\underline{\omega \cdot L_d = \left(\frac{U_n}{I_n}\right) \cdot \left(\frac{I_{fk}}{I_{fl}}\right),} \tag{11}$$

die meistens zur praktischen Berechnung aus den gemessenen Werten von I_{fl} und I_{fk} dient. Für die Querfeldreaktanz $\omega \cdot L_q$ besteht keine ähnlich einfache Beziehung. Über Methoden zu ihrer Messung siehe Nürnberg [27] und A. I. E. E. Test Code [26].

2.4. Der Stoßkurzschlußstrom und die Stoßreaktanzen. Die folgende Betrachtung über den Stoßkurzschlußvorgang hat ganz vorläufigen Charakter. Wir werden später, wenn eine genauere Behandlung möglich ist, darauf zurückkommen. Es scheint mir aber nützlich, hier schon die wichtigsten Begriffe einzuführen, wenn auch ihre exakte Definition erst später möglich ist.

Schließt man eine leerlaufende, erregte Synchronmaschine plötzlich kurz, so kann sich der Endzustand, das heißt der Kurzschlußstrom I_k nicht sofort einstellen. Unmittelbar vor dem Kurzschluß war in der Längsachse die Flußverkettung $\Psi_d = -E/\omega$ vorhanden. Unmittelbar nachher sollte sie Null sein, wenn wir den kleinen Widerstand R vernachlässigen. Bei der Abnahme induziert sie in der kurzgeschlossenen d-Wicklung (d. h. in der Wicklung zwischen den Bürsten d) und in der (über die Stromquelle) ebenfalls kurzgeschlossenen Feldwicklung je eine EMK. Diese haben einen Strom I_d und einen zusätzlichen Strom I_f zur Folge, die nach der bekannten LENZschen Regel so gerichtet sind, daß sie die Flußverkettung aufrechtzuerhalten suchen. Nimmt man den Vorgang oszillographisch auf, so erhält man etwa das in Abb. 8 dargestellte Bild. Man sieht, I_d und I_f steigen rasch auf einen großen Wert an und verschwinden dann verhältnismäßig langsam nach einer Exponentialkurve. Darüber lagert sich noch je ein Strom, der mit der Umdrehungsfrequenz ω pulsiert und dessen Amplitude ebenfalls exponentiell, aber schneller abklingt. Dieser pulsierende Anteil ist etwas weniger leicht zu verstehen. Zu seiner Erklärung muß man auch die Erscheinungen in der q-Achse heranziehen. Die Abnahme der Flußverkettung Ψ_d erzeugt zwischen den Bürsten q eine abnehmende EMK der Rotation und damit einen veränderlichen Strom I_q. Dieser erzeugt seinerseits eine veränderliche Flußverkettung Ψ_q, die ihrerseits wieder eine veränderliche EMK der Rotation zwischen den Bürsten d zur Folge hat. Die beiden Achsen wirken also in komplizierter Weise aufeinander ein. Das Resultat dieser gegenseitigen Rückwirkung ist, daß ein Teil des ursprünglichen Flusses

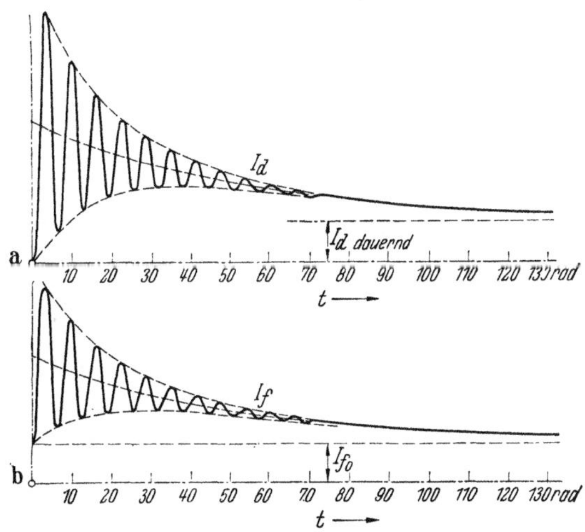

Abb. 8. Oszillogramme eines Strangstroms (a) und des Feldstroms (b) im dreisträngigen Kurzschluß.

der d-Achse vom Rotor (der Modellmaschine = Stator der richtigen Maschine) mitgenommen wird. Dieser mit der Winkelgeschwindigkeit ω rotierende Anteil erzeugt in den verschiedenen Wicklungen Wechsel-EMK und damit die Wechselstromanteile der Kurzschlußströme. In der q-Achse, wo ja nicht von Anfang an ein fester Fluß vorhanden war, tritt dieser pulsierende Anteil allein auf. Die ursprünglich im magnetischen Feld der d-Achse aufgespeicherte magnetische Energie wird durch die Stromwärme der Ströme in den verschiedenen Wicklungen allmählich

Abb. 9. Horizontalachsiger Wasserkraftgenerator für 40 MVA, 500 U/min beim Aufbau auf dem Prüfstand. Blechpole mit vollständiger Dämpferwicklung.

aufgezehrt. Das bewirkt das exponentielle Abfallen dieser Ströme. Das Abklingen des mitrotierenden Feldes hängt vom Widerstand R (Statorwiderstand der wirklichen Maschine = Rotorwiderstand der Modellmaschine) ab. Für das Abklingen des in der d-Achse feststehenden Feldes ist der Widerstand R_f der Feldwicklung maßgebend. Die Höhe der Anfangswerte der Kurzschlußströme hingegen ist durch den Streukoeffizienten σ der d-Achse (das heißt des aus der Wicklung zwischen den d-Bürsten und der Feldwicklung bestehenden Transformators) gegeben. Speziell ist der Anfangswert des nicht pulsierenden Teils von I_d

$$I_d' = \frac{I_k}{\sigma}. \tag{12}$$

Die Anfangsamplitude des pulsierenden Teils ist ebenso groß, da der Gesamtstrom im ersten Augenblick Null sein muß. Ersetzen wir I_k durch den Ausdruck (6), so erhalten wir statt (12)

$$I_d' = \frac{E}{\sigma \cdot \omega \cdot L_d}. \tag{13}$$

Diese Beziehung legt die Auffassung nahe, daß der Stoßkurzschlußstrom I_d' wie der Dauerkurzschlußstrom durch Division der Leerlauf-EMK durch eine Reaktanz gefunden werde. Diese Reaktanz

$$\sigma \cdot \omega \cdot L_d = \omega \cdot L_d' \tag{14}$$

nennt man die Stoßreaktanz (engl. transient reactance).

Die Synchronmaschinen sind oft noch mit einer weiteren Wicklung, der sogenannten Dämpferwicklung, ausgerüstet (Abb. 9). Sie befindet sich auf dem Polrad und ist in sich kurzgeschlossen. Normalerweise ist sie ähnlich wie die Käfigwicklung eines Käfigankermotors ausgebildet, wobei aber die Stäbe in der Pollücke fehlen. Bei symmetrischer Belastung hat sie keinen Einfluß auf die Vorgänge, wohl aber sobald Änderungen der Flüsse auftreten. Auch die manchmal verwendeten massiven Pole (Abb. 10) wirken infolge der in ihnen auftretenden Wirbelströme ähnlich wie eine solche Dämpferwicklung. In der Modellmaschine kann man die Dämpferwicklung durch je eine in der Längs- und in der Querachse angeordnete Kurzschlußwicklung D und Q ersetzen. Abb. 11 stellt die in dieser Weise ergänzte Modellmaschine dar. Beim plötzlichen Kurzschluß werden in diesen beiden Wicklungen ebenfalls Ströme induziert. Diese bewirken eine Vergrößerung des Stoßkurzschlußstromes auf einen Wert I_d''. Entsprechend Gl. (13) definiert man eine weitere Reaktanz $\omega \cdot L_d''$ so, daß

Abb. 10. Polrad eines Wasserkraftgenerators für 37,5 MVA, 500 U/min mit massiven Stahlpolen.

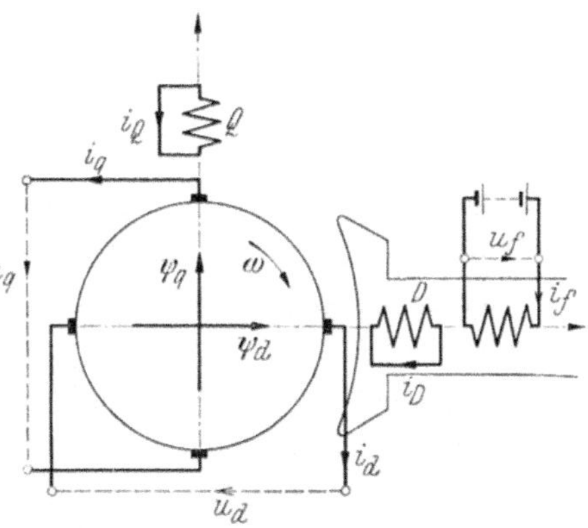

Abb. 11. Modellmaschine mit Dämpferwicklung.

$$I''_d = \frac{E}{\omega \cdot L''_d} \tag{15}$$

wird. Die Dämpferwicklung hat normalerweise einen erheblich kleineren Querschnitt und daher größeren Widerstand als die anderen Wicklungen. Daher klingt der von den Dämpferströmen herrührende Teil des Kurzschlußstroms wesentlich schneller ab als der Rest. Man nennt daher diesen Teil des Kurzschlußstroms den flüchtigen Stoßkurzschlußstrom und die Reaktanz $\omega \cdot L''_d$, die seine Größe bestimmt, die flüchtige Stoßreaktanz (engl. subtransient reactance). Die entsprechende Größe $\omega \cdot L''_q$ der Querachse heißt die flüchtige Stoßreaktanz der Querachse. Eine der Stoßreaktanz $\omega \cdot L'_d$ entsprechende Größe tritt in der Querachse nicht auf, da dort keine der Feldwicklung entsprechende Wicklung vorhanden ist.

3. Einführung dimensionsloser, bezogener Größen.

3.1. Die Bezugsgrößen. Die Einführung dimensionsloser, bezogener Größen (Per-Unit-System) hat unmittelbar nichts mit der Theorie der Synchronmaschine zu tun. Ihre Benutzung empfiehlt sich aber, einmal wegen der in der Einleitung bereits erwähnten Vorteile, dann auch, weil sie fast in der ganzen einschlägigen amerikanischen Literatur verwendet werden, um deren Benutzung zu erleichtern.

Zu jeder gewöhnlichen physikalischen Größe erhält man die entsprechende bezogene Größe, indem man sie durch eine passend gewählte Bezugsgröße gleicher Dimension dividiert. Als solche Bezugsgrößen werden verwendet:

a) Die Amplitude der Statornennspannung (Strangspannung) $U_n \cdot \sqrt{2}$ für alle Statorspannungen (U_a, U_b, U_c, U_d, U_q usw.).

b) Die Amplitude des Statornennstroms $I_n \cdot \sqrt{2}$ für alle Statorströme.

c) Die Flußverkettung $U_n \cdot \sqrt{2} / 2\pi f_n$ für alle Statorflußverkettungen.

d) Die Impedanz U_n/I_n für alle Statorimpedanzen.

e) Die Nennscheinleistung $P_{sn} = 3 \cdot U_n \cdot I_n$ für alle Wirk-, Blind- und Scheinleistungen.

f) Das einer Wirkleistung von der Größe P_{sn} bei synchroner Drehzahl entsprechende Drehmoment für alle Drehmomente.

g) Die der Nennfrequenz f_n entsprechende synchrone Winkelgeschwindigkeit für alle Winkelgeschwindigkeiten bzw. die entsprechende synchrone Drehzahl für alle Drehzahlen.

h) Die $1/2\pi$fache Periodendauer bei Nennfrequenz f_n für die Zeit, das heißt: Die Zeit t wird durch den Winkel $2\pi f_n \cdot t$ in Radian gemessen.

Für die bisher aufgezählten Größen ist die amerikanische Literatur einheitlich. Hingegen sind die richtigen Bezugsgrößen für die Feldwicklung und für die Dämpferwicklung weniger eindeutig festliegend. Es werden verschiedene Systeme verwendet [24]. Wir werden hier dasjenige verwenden, das die kürzeste Schreibweise der Gleichungen ergibt, trotzdem es in anderer Hinsicht gewisse Mängel aufweist. Bei ihm werden für den Feldkreis für alle Größen diejenigen Werte benutzt, die bei Leerlauf der Maschine mit Nennspannung vorhanden sind, also z. B. für den Strom I_{fl}, für die Spannung $I_{fl} \cdot R_f$ und für die Flußverkettung $I_{fl} \cdot L_{ff}$.

3.2. Die Umrechnung der wirklichen Größen in bezogene Größen. Bezeichnen wir mit u_a z. B. den wirklichen Momentanwert der Klemmenspannung am Statorstrang a (z. B. in Volt gemessen), so drückt sich dieser nach der Gleichung

$$u_a = \mathit{u}_a \cdot U_n \cdot \sqrt{2} \tag{1}$$

durch das dimensionslose, bezogene Maß u_a aus. Entsprechende Gleichungen gelten für alle anderen Statorspannungen. Ist i_a der Momentanwert des Stromes im Strang a (z. B. in Ampere gemessen), i_a der betreffende bezogene Wert, so gilt dementsprechend

$$i_a = \mathit{i}_a \cdot I_n \cdot \sqrt{2} \tag{2}$$

und ebenso für alle anderen Statorströme.

Der bezogene Statorwiderstand wird

$$r = R \cdot \frac{I_n}{U_n}\,. \tag{3}$$

$R \cdot I_n$ ist der Spannungsabfall bei Nennstrom. $100 \cdot r$ ist daher der prozentuelle ohmsche Spannungsabfall bei Nennstrom. Während R, in Ohm ausgedrückt, je nach Größe und Spannung einer Maschine die verschiedensten Werte haben kann, bewegt sich der Wert von r nur in den Grenzen von einigen Hundertsteln für kleine, bis zu einigen Tausendstel für große Maschinen.

Die Stromwärme bei Nennlast ist $V_n = 3 \cdot R \cdot I_n^2$. Daher ist

$$\frac{V_n}{P_{sn}} = \frac{3 \cdot R \cdot I_n^2}{3 \cdot U_n \cdot I_n} = \frac{R \cdot I_n}{U_n} = r\,. \tag{4}$$

$100 \cdot r$ ist also gleichzeitig auch der prozentuelle Stromwärmeverlust bei Nennlast.

Allgemein ist der Momentanwert der Statorstromwärme

$$V = R \cdot (i_a^2 + i_b^2 + i_c^2)\,. \tag{5}$$

Drückt man darin R und die Ströme durch die bezogenen Werte aus, so erhält man als bezogenen Wert der Stromwärme

$$v = \frac{V}{P_{sn}} = r \cdot \frac{U_n}{I_n} \cdot (i_a^2 + i_b^2 + i_c^2) \cdot \frac{2\,I_n^2}{3\,U_n \cdot I_n} = \frac{2}{3} \cdot r \cdot (i_a^2 + i_b^2 + i_c^2) \,. \qquad (6)$$

Ähnlich erhalten wir allgemein für den Momentanwert der Leistung

$$P = u_a \cdot i_a + u_b \cdot i_b + u_c \cdot i_c \qquad (7)$$

und daher

$$p = \frac{P}{P_{sn}} = \frac{(u_a \cdot i_a + u_b \cdot i_b + u_c \cdot i_c) \cdot 2\,U_n \cdot I_n}{3 \cdot U_n \cdot I_n} = \frac{2}{3} \cdot (u_a \cdot i_a + u_b \cdot i_b + u_c \cdot i_c) \,. \qquad (8)$$

Der Faktor 2/3 in den Gl. (6) und (8) ist eine besondere Eigentümlichkeit des hier benützten Systems der bezogenen Größen.

Genau wie der bezogene Widerstand werden auch die bezogenen Reaktanzen gebildet. Den verschiedenen in den Abschnitten 2.3 und 2.4 eingeführten Reaktanzen entsprechen:

die bezogene synchrone Längsfeldreaktanz $x_d = 2\,\pi\, f_n \cdot L_d \cdot I_n/U_n$

die bezogene synchrone Querfeldreaktanz $x_q = 2\,\pi\, f_n \cdot L_q \cdot I_n/U_n$

die bezogene Stoßreaktanz der Längsachse $x_d' = 2\,\pi\, f_n \cdot L_d' \cdot I_n/U_n$

die bezogene flüchtige Stoßreaktanz der Längsachse $x_d'' = 2\,\pi\, f_n \cdot L_d'' \cdot I_n/U_n$

die bezogene flüchtige Stoßreaktanz der Querachse $x_q'' = 2\,\pi\, f_n \cdot L_q'' \cdot I_n/U_n$ (9)

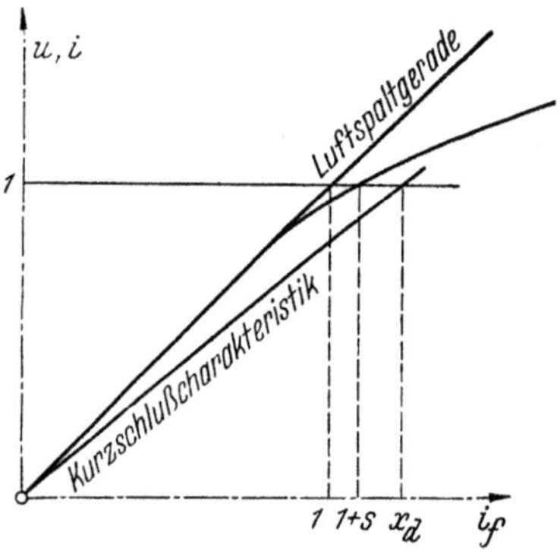

Abb. 12. Darstellung der Leerlauf- und Kurzschlußkennlinien in bezogenen Größen.

Mit Hilfe der Beziehung (2.11) ergibt sich für die synchrone Längsreaktanz die einfache Beziehung

$$x_d = \frac{I_{fk}}{I_{fl}} \,. \qquad (10)$$

Die bezogene synchrone Längsreaktanz ist also das Reziproke des ungesättigten Kurzschlußverhältnisses. Zeichnet man Abb. 7 noch einmal unter Verwendung der bezogenen Größen, so erhält man das Bild Abb. 12. Der bezogene Wert des gesättigten Leerlauferregerstroms wird in der neueren amerikanischen Literatur meistens mit 1 + s bezeichnet. s bedeutet den bezogenen Wert der Eisenamperewindungen im Leerlauf bei Nennspannung.

Bezeichnen wir mit Ψ_a den Momentanwert der Flußverkettung des Strangs a mit dem Gesamtfluß der Maschine, mit ψ_a die bezogene Größe dieser Flußverkettung, so haben wir die Beziehung

$$\Psi_a = \psi_a \cdot \frac{U_n \cdot \sqrt{2}}{2\,\pi\, f_n}\,. \tag{11}$$

Die Spannung u_a, der Strom i_a und die Flußverkettung Ψ_a sind durch das Induktionsgesetz, angewandt auf den Strang a, miteinander verknüpft:

$$u_a = -\,i_a \cdot R - \frac{d\,\Psi_a}{dt}\,. \tag{12}$$

Hierin ersetzen wir alles durch bezogene Größen:

$$u_a \cdot U_n \cdot \sqrt{2} = -\,i_a \cdot r \cdot I_n \cdot \sqrt{2} \cdot \frac{U_n}{I_n} - 2\,\pi\, f_n \cdot \frac{d\,\psi_a}{dt} \cdot \frac{U_n \cdot \sqrt{2}}{2\,\pi\, f_n}\,. \tag{13}$$

Nach Kürzen und Division durch $U_n \cdot \sqrt{2}$ auf beiden Seiten erhalten wir die dimensionslose Gleichung

$$u_a = -\,i_a \cdot r - \frac{d\,\psi_a}{dt}\,, \tag{14}$$

die formal genau mit der Ausgangsgleichung (12) übereinstimmt. Der Unterschied besteht nur darin, daß in (14) lauter dimensionslose Größen stehen. Gl. (14) wird den Ausgangspunkt für die Aufstellung der allgemeinen Gleichungen für nicht stationäre Vorgänge bilden. Bevor wir diese Aufgabe in Angriff nehmen, werden wir als Vorübung noch das bereits bekannte Verhalten im stationären Zustand mit den bezogenen Größen darstellen.

3.3. Der stationäre Zustand und das Zeigerdiagramm in bezogenen Größen ausgedrückt. Die Hauptgleichungen für den stationären Zustand haben wir bereits im Abschnitt 2.1 aufgestellt. Dividieren wir die Gl. (2.1) durch $U_n \cdot \sqrt{2}$ und führen die bezogenen Größen ein, so erhalten wir:

$$\left.\begin{aligned} u_d &= u \cdot \sin\delta = -\,i_d \cdot r + i_q \cdot x_q\,,\\ u_q &= u \cdot \cos\delta = -\,i_q \cdot r - i_d \cdot x_d + i_f\,. \end{aligned}\right\} \tag{15}$$

Einer näheren Begründung bedarf nur noch das letzte Glied der zweiten Gleichung. Dieses lautete ursprünglich $E/(U_n \cdot \sqrt{2})$. E bedeutet die Stator-EMK, die allein vom Polradfeld induziert wird, also die Leerlaufspannung beim Feldstrom I_f, und zwar voraussetzungsmäßig den Wert auf der Luftspaltlinie. Daher ist $E/(U_n \cdot \sqrt{2}) = I_f/I_{fl}$, und das ist gerade der bezogene Wert des Feldstroms. Dieser bildet daher in diesem Bezugssystem gleichzeitig das Maß für die im Stator induzierte Leerlauf-EMK.

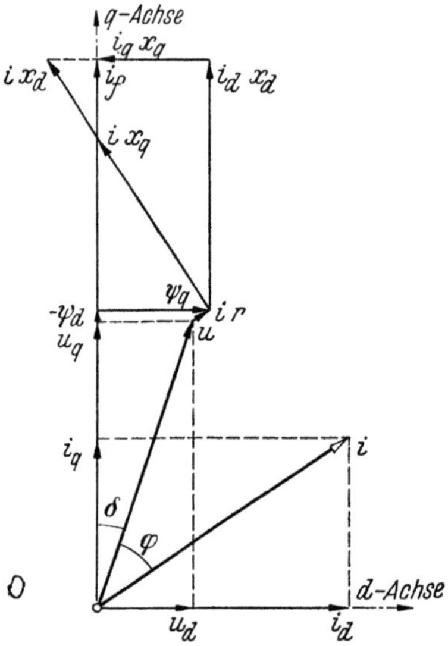

Abb. 13. Darstellung des Zeigerdiagramms in bezogenen Größen.

Aus (2.2) erhalten wir ebenso

$$\left.\begin{array}{l} i_d = i \cdot \sin(\delta + \varphi), \\ i_q = i \cdot \cos(\delta + \varphi) \end{array}\right\} \quad (16)$$

und aus (2.3)

$$\left.\begin{array}{l} \psi_d = i_d \cdot x_d - i_f, \\ \psi_q = i_q \cdot x_q . \end{array}\right\} \quad (17)$$

Damit werden die Gl. (2.4)

$$\left.\begin{array}{l} u_d = - i_d \cdot r + \psi_q, \\ u_q = - i_q \cdot r - \psi_d . \end{array}\right\} \quad (18)$$

Diesen Gl. (15) bis (18) entspricht das Zeigerdiagramm Abb. 13. Aus diesem und den obigen Gleichungen können wir nachstehende Beziehungen für die Wirkleistung p und die Blindleistung q entnehmen:

$$p = u_d \cdot i_d + u_q \cdot i_q = u \cdot i \cdot [\sin\delta \cdot \sin(\delta + \varphi) + \cos\delta \cdot \cos(\delta + \varphi)] = u \cdot i \cdot \cos\varphi, \quad (19)$$

$$q = u_q \cdot i_d - u_d \cdot i_q = u \cdot i \cdot [\cos\delta \cdot \sin(\delta + \varphi) - \sin\delta \cdot \cos(\delta + \varphi)] = u \cdot i \cdot \sin\varphi. \quad (20)$$

Setzen wir darin für u_d und u_q die Ausdrücke (18) ein, so erhalten wir die beiden weiteren Gleichungen:

$$p = -(i_d^2 + i_q^2) \cdot r + (\psi_q \cdot i_d - \psi_d \cdot i_q) = -i^2 \cdot r + (\psi_q \cdot i_d - \psi_d \cdot i_q), \quad (21)$$

$$q = -(\psi_d \cdot i_d + \psi_q \cdot i_q). \quad (22)$$

In (21) stellt p die von der Maschine ins Netz abgegebene Leistung dar, $-i^2 \cdot r$ den in der Maschine selbst auftretenden Verlust. Der Rest $\psi_q \cdot i_d - \psi_d \cdot i_q$ ist also die von der Maschine aufgenommene mechanische Antriebsleistung. Diese ist bei synchronem Lauf gleich dem Drehmoment in synchronen Watt. Als Bezugsgröße für das Drehmoment wird nach Abschnitt 3.1 dasjenige, das der Nennscheinleistung P_{sn} entspricht, verwendet. Da das auch die Bezugsgröße für die Leistungsgleichung (21) ist, so ist also der eingeklammerte Wert gerade der bezogene Wert des Drehmoments

$$\underline{m = \psi_q \cdot i_d - \psi_d \cdot i_q .} \quad (23)$$

Das tatsächlich im Nennbetrieb an der Welle wirkende Drehmoment hat den bezogenen Wert

$$\mathrm{m_n} = \cos\varphi_\mathrm{n} + v_\mathrm{n}\,. \tag{24}$$

Hätte man das wirklich im Nennbetrieb vorhandene Drehmoment als Bezugsgröße genommen, so würde in allen Drehmomenten und der Bewegungsgleichung das Reziproke von (24) als Faktor auftreten. Um diesen unbequemen Faktor zu vermeiden, hat man die sonst etwas gekünstelt scheinende Wahl getroffen, das der Scheinleistung entsprechende Drehmoment als Bezugsgröße zu benutzen. Bei dem von uns gewählten Bezugssinn ist m das an der Welle erforderliche Antriebsdrehmoment, das heißt es ist positiv, wenn die Maschine als Generator, und negativ, wenn sie als Motor arbeitet.

Häufig ist ein bestimmter Belastungszustand einer Maschine gegeben durch u, i und φ (oder $\cos\varphi$), und es sollen der Polradwinkel δ und die Erregung i_f gesucht werden. Dieses kann graphisch geschehen, indem man in der aus Abb. 13 ersichtlichen Weise das Zeigerdiagramm konstruiert. Für die weitere Rechnung sind aber manchmal auch analytische Ausdrücke für δ und i_f als Funktionen von u, i und φ erwünscht. Setzt man die Ausdrücke (16) für i_d und i_q in (15) ein und benützt die bekannten trigonometrischen Formeln

$$\left.\begin{aligned}\sin(\delta+\varphi) &= \sin\delta\cdot\cos\varphi + \cos\delta\cdot\sin\varphi,\\ \cos(\delta+\varphi) &= \cos\delta\cdot\cos\varphi - \sin\delta\cdot\sin\varphi,\end{aligned}\right\} \tag{25}$$

so erhält man, wenn man alle Glieder mit $\sin\delta$ auf eine, alle mit $\cos\delta$ auf die andere Seite bringt, aus der ersten der Gl. (15)

$$(u + i\cdot\mathrm{r}\cdot\cos\varphi + i\cdot\mathrm{x_q}\cdot\sin\varphi)\cdot\sin\delta = i\cdot(\mathrm{x_q}\cdot\cos\varphi - \mathrm{r}\cdot\sin\varphi)\cdot\cos\delta \tag{26}$$

oder

$$\mathrm{tg}\,\delta = \frac{i\cdot(\mathrm{x_q}\cdot\cos\varphi - \mathrm{r}\cdot\sin\varphi)}{u + i\cdot(\mathrm{r}\cdot\cos\varphi + \mathrm{x_q}\cdot\sin\varphi)}\,. \tag{27}$$

Mit diesem Wert von δ kann man nun u_d, u_q, i_d, i_q, ψ_d und ψ_q bestimmen. Die Formel (27) für δ bleibt auch für die gesättigte Maschine genügend genau gültig, da darin nur die Reaktanz $\mathrm{x_q}$ vorkommt, die wenig durch die Sättigung beeinflußt wird. Im Gegensatz dazu wird der Wert von i_f bei Belastung ziemlich stark durch die Sättigung beeinflußt. Wir wollen daher den ohnehin ziemlich unhandlichen (27) entsprechenden Ausdruck für i_f nicht anschreiben. Für die praktisch wichtigere Bestimmung des gesättigten Wertes von i_f sind außer der in den Lehrbüchern behandelten genauen Berechnung verschiedene halb empirische abgekürzte Verfahren entwickelt worden. Unter diesen ist das des A.I.E.E. Test Code [26] auch für die Rechnung geeignet. Erfahrungsmäßig gibt es wenigstens für übererregte Maschinen eine sehr gute Näherung. In Abb. 14a/b ist seine graphische Durchführung dargestellt. Der Erregerstrom i_f wird aus einem ungesättigten Teil i_{f0} und einem Zuschlag Δi_f für die Eisenamperewindungen zusammengesetzt:

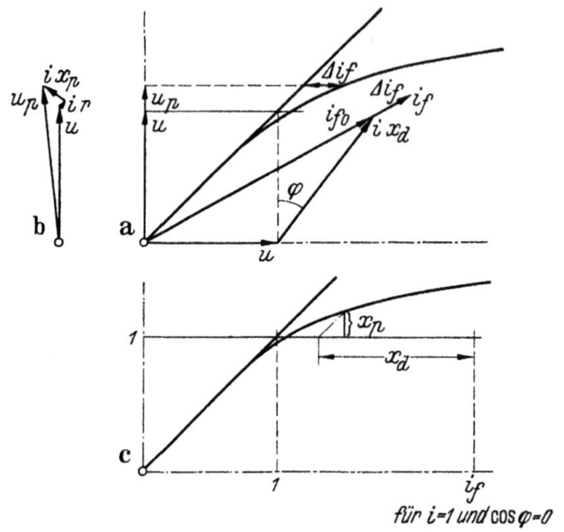

Abb. 14. Näherungsmethode zur Bestimmung des Erregerstroms nach A.I.E.E.

$$i_f = i_{f0} + \Delta i_f \,. \tag{28}$$

Der Anteil i_{f0} wird dabei berechnet, als wenn man eine Vollpolmaschine mit der synchronen Reaktanz x_d ohne Statorwiderstand hätte. Die Fehler, die man dadurch bei der Berechnung von i_{f0} macht, werden durch diejenigen, die durch die angenäherte Berechnung von Δi_f hinzukommen, teilweise aufgehoben. Δi_f wird als Differenz zwischen Luftspaltlinie und wirklicher Magnetisierungskurve abgegriffen mit einer Spannung u_p. Diese Spannung ist die geometrische Summe aus Klemmenspannung u, OHMschem Spannungsabfall $i \cdot r$ und einem induktiven Spannungsabfall $i \cdot x_p$. Die hier auftretende Reaktanz x_p heißt die Potierreaktanz. Sie wird in der aus Abb. 14c ersichtlichen Weise mit Hilfe des Erregerstroms für Nennstrom und Nennspannung bei $\cos\varphi = 0$ gefunden. Steht dieser nicht zur Verfügung, wird sie oft angenährt gleich der Statorstreureaktanz gesetzt; doch kann das ziemlich ungenau sein. Je nach den Sättigungsverhältnissen der Maschine kann x_p entweder erheblich größer oder auch kleiner sein als die Statorstreureaktanz. Die graphische Konstruktion der Abb. 14 läßt sich formelmäßig darstellen durch

$$i_{f0} = \sqrt{u^2 + i^2 \cdot x_d{}^2 + 2 \cdot u \cdot i \cdot x_d \cdot \sin\varphi}\,, \tag{29}$$

$$\begin{aligned} u_p &= \sqrt{(u + i \cdot r \cdot \cos\varphi + i \cdot x_p \cdot \sin\varphi)^2 + i^2 \cdot (x_p \cdot \cos\varphi - r \cdot \sin\varphi)^2} \\ &\approx u + i \cdot r \cdot \cos\varphi + i \cdot x_p \cdot \sin\varphi\,. \end{aligned} \tag{30}$$

Für viele Maschinen läßt sich außerdem die Magnetisierungskurve für nicht zu große u_p (etwa $u_p \leqq 1{,}3$) angenähert darstellen durch

$$\Delta i_f \approx s \cdot u_p{}^5 \tag{31}$$

Das Sättigungsmaß s liegt etwa zwischen 0,1 und 0,2.

4. Die Beziehungen zwischen den Stranggrößen und den Achsengrößen.

4.1. Die Umrechnung der Ströme. Wir schreiben die folgenden Gleichungen von vornherein für die bezogenen Ströme an. Da alle vorkommenden Größen den gleichen Bezugswert haben, nämlich $I_n \sqrt{2}$, würden genau die gleichen Beziehungen auch für die physikalischen Größen, d. h. für die Ströme in Ampere, gelten. Die gleiche Bemerkung gilt sinngemäß auch später für die Beziehungen für die Spannungen und Statorflußverkettungen.

Damit die beiden Ströme i_d und i_q die Strangströme i_a, i_b und i_c in jedem Augenblick ersetzen können, müssen sie dasselbe Luftspaltfeld in der Maschine ergeben. Dazu genügt, daß die Projektionen der Amperewindungen der drei Ströme i_a, i_b, i_c auf die d-Achse zusammen gleich groß sind wie die Amperewindungen von i_d. Das ergibt nach Abb. 6:

$$i_d = K \cdot \left[i_a \cdot \cos\vartheta + i_b \cdot \cos\left(\vartheta - \frac{2\pi}{3}\right) + i_c \cdot \cos\left(\vartheta + \frac{2\pi}{3}\right)\right]. \tag{1}$$

Der Faktor K bedeutet das Verhältnis der Strangwindungszahl zur Windungszahl der Ersatzwicklung in der d-Achse. Ganz entsprechend gilt für die q-Achse:

$$i_q = -K \cdot \left[i_a \cdot \sin\vartheta + i_b \cdot \sin\left(\vartheta - \frac{2\pi}{3}\right) + i_c \cdot \sin\left(\vartheta + \frac{2\pi}{3}\right)\right]. \tag{2}$$

Den noch verfügbaren Wert von K bestimmen wir zweckmäßig so, daß die Gl. (3, 16) für den stationären Zustand gültig bleiben. Im stationären Zustand sind die Strangströme

$$\left.\begin{aligned} i_a &= i \cdot \cos(t - \varphi) \\ i_b &= i \cdot \cos\left(t - \varphi - \frac{2\pi}{3}\right) \\ i_c &= i \cdot \cos\left(t - \varphi + \frac{2\pi}{3}\right) \end{aligned}\right\} \tag{3}$$

und der Winkel

$$\vartheta = \vartheta_0 + t. \tag{4}$$

Setzt man das in (1) ein, so wird

$$i_d = K \cdot i \cdot \left[\cos(t - \varphi) \cdot \cos(t + \vartheta_0) + \cos\left(t - \varphi - \frac{2\pi}{3}\right) \cdot \cos\left(t + \vartheta_0 - \frac{2\pi}{3}\right) + \right.$$
$$\left. + \cos\left(t - \varphi + \frac{2\pi}{3}\right) \cdot \cos\left(t + \vartheta_0 + \frac{2\pi}{3}\right)\right]. \tag{5}$$

Mit der bekannten trigonometrischen Formel

$$\cos(u) \cdot \cos(v) = \frac{1}{2}\left[\cos(u - v) + \cos(u + v)\right] \tag{6}$$

erhält man daraus

$$i_d = \frac{K \cdot i}{2} \cdot \left[3 \cdot \cos(\vartheta_0 + \varphi) + \cos(2t + \vartheta_0 - \varphi) + \cos\left(2t + \vartheta_0 - \varphi - \frac{4\pi}{3}\right) + \right.$$
$$\left. + \cos\left(2t + \vartheta_0 - \varphi + \frac{4\pi}{3}\right)\right].$$

Die Summe der drei letzten Glieder ist Null. Daher bleibt

$$i_d = \frac{3}{2} \cdot K \cdot i \cdot \cos(\vartheta_0 + \varphi). \tag{7}$$

Aus der Gl. (2) erhält man in entsprechender Weise

$$i_q = -\frac{3}{2} \cdot K \cdot i \cdot \sin(\vartheta_0 + \varphi). \tag{8}$$

Damit diese beiden Gleichungen mit (3, 16) übereinstimmen, muß $K = 2/3$ und $\delta = \vartheta_0 + \pi/2$ sein. Die erste Bedingung zeigt, daß die äquivalenten d- und q-Wicklungen 3/2 mal die Windungszahl eines Statorstrangs haben. Die zweite setzt den Polradwinkel in Beziehung zum Winkel, den die Polradachse zur Zeit $t = 0$ mit der Achse des Statorstrangs a einschließt.

Mit dem gefundenen Wert von K haben wir als endgültige Formeln für die Berechnung der Achsenströme aus den Strangströmen

$$\left.\begin{aligned} i_d &= \frac{2}{3} \cdot \left[i_a \cdot \cos\vartheta + i_b \cdot \cos\left(\vartheta - \frac{2}{3}\pi\right) + i_c \cdot \cos\left(\vartheta + \frac{2}{3}\pi\right)\right], \\ i_q &= -\frac{2}{3} \cdot \left[i_a \cdot \sin\vartheta + i_b \cdot \sin\left(\vartheta - \frac{2}{3}\pi\right) + i_c \cdot \sin\left(\vartheta + \frac{2}{3}\pi\right)\right]. \end{aligned}\right\} \tag{9}$$

Wollen wir diese Gleichungen nach den Strangströmen auflösen, so haben wir nur zwei Gleichungen für drei Unbekannte. Es fehlt also noch ein Strom im neuen System. Dieser kann aber keinen Beitrag zum Luftspaltfeld geben, denn dieses ist nach der Herleitung der Gl. (9) durch i_d und i_q schon vollständig bestimmt. Ein solcher Strom ist der Nullstrom

$$i_0 = \frac{1}{3} \cdot (i_a + i_b + i_c). \tag{10}$$

Ein solcher kann nur fließen, wenn die Statorwicklung entweder in Δ geschaltet ist, oder wenn bei Y-Schaltung ein Nulleiter am Sternpunkt angeschlossen ist. Im letzteren Fall ist der Nullstrom ⅓ des im Nulleiter fließenden Stroms. Daher stammt der Name. In den meisten Problemen tritt kein Nullstrom auf, oder mindestens spielt er keine bedeutende Rolle.

Das Gleichungssystem (9), (10) läßt sich nun nach den Strangströmen auflösen. Die einfache Rechnung ergibt:

$$\left.\begin{aligned} i_a &= i_d \cdot \cos\vartheta - i_q \cdot \sin\vartheta + i_o\,, \\ i_b &= i_d \cdot \cos\left(\vartheta - \frac{2}{3}\pi\right) - i_q \cdot \sin\left(\vartheta - \frac{2}{3}\pi\right) + i_o\,, \\ i_c &= i_d \cdot \cos\left(\vartheta + \frac{2}{3}\pi\right) - i_q \cdot \sin\left(\vartheta + \frac{2}{3}\pi\right) + i_o\,. \end{aligned}\right\} \quad (11)$$

4.2. Die Umrechnung der Spannungen und der Leistung. Macht man für die Spannungen den zu (1) und (2) entsprechenden Ansatz und bestimmt den Proportionalitätsfaktor wieder durch Vergleich mit dem stationären Zustand, so findet man für ihn ebenfalls den Wert $^2/_3$. Da die Rechnung in allen Einzelheiten dieselbe ist wie für die Ströme, können wir uns ihre vollständige Durchführung sparen und sofort die Resultate anschreiben:

$$\left.\begin{aligned} \underline{u_d = \frac{2}{3} \cdot \left[u_a \cdot \cos\vartheta + u_b \cdot \cos\left(\vartheta - \frac{2}{3}\pi\right) + u_c \cdot \cos\left(\vartheta + \frac{2}{3}\pi\right)\right]}\,, \\ \underline{u_q = -\frac{2}{3} \cdot \left[u_a \cdot \sin\vartheta + u_b \cdot \sin\left(\vartheta - \frac{2}{3}\pi\right) + u_c \cdot \sin\left(\vartheta + \frac{2}{3}\pi\right)\right]}\,, \\ \underline{u_o = \frac{1}{3} \cdot (u_a + u_b + u_c)}\,. \end{aligned}\right\} \quad (12)$$

Ebenso finden wir die Umkehrungen:

$$\left.\begin{aligned} u_a &= u_d \cdot \cos\vartheta - u_q \cdot \sin\vartheta + u_o\,, \\ u_b &= u_d \cdot \cos\left(\vartheta - \frac{2}{3}\pi\right) - u_q \cdot \sin\left(\vartheta - \frac{2}{3}\pi\right) + u_o\,, \\ u_c &= u_d \cdot \cos\left(\vartheta + \frac{2}{3}\pi\right) - u_q \cdot \sin\left(\vartheta + \frac{2}{3}\pi\right) + u_o\,. \end{aligned}\right\} \quad (13)$$

Setzt man die Ausdrücke (11) und (13) in die Gl. (3, 8) für die Wirkleistung ein, so bleibt nach der etwas langwierigen, aber einfachen Ausmultiplikation nur übrig:

$$\underline{p} = \frac{2}{3} \cdot \left(\frac{3}{2} \cdot u_d \cdot i_d + \frac{3}{2} \cdot u_q \cdot i_q + 3 \cdot u_o \cdot i_o\right) = \underline{u_d \cdot i_d + u_q \cdot i_q + 2 \cdot u_o \cdot i_o}\,. \quad (14)$$

da in allen Produkten, die zu verschiedenen Achsen gehörige Faktoren enthalten, je dreimal je $2\pi/3$ Phasendifferenz auftreten, die daher zusammen Null ergeben. Den Anteil $u_d \cdot i_d + u_q \cdot i_q$ haben wir schon im stationären Betrieb gefunden (3, 19). u_o und i_o waren dort Null und konnten daher keinen Beitrag geben. Diese Übereinstimmung der

Leistungsausdrücke für stationären Betrieb und allgemeinen Fall legt die Vermutung nahe, daß der daraus abgeleitete Ausdruck (3, 23) für das Drehmoment ebenfalls allgemein gültig sei. Der strenge Beweis dafür, daß dies tatsächlich zutrifft, ist etwas umständlich. Wir werden ihn im Anhang I nachholen und stellen hier einfach fest, daß das Drehmoment allgemein aus

$$\underline{m = \psi_q \cdot i_d - \psi_d \cdot i_q} \tag{15}$$

gefunden wird. Der Nullstrom gibt keinen Beitrag zum Grundfeld und daher auch keinen Beitrag zum Drehmoment. Genau genommen kann allerdings die vom Nullstrom erzeugte dritte Oberwelle des Grundfeldes im Zusammenwirken mit einer Dämpferwicklung einen kleinen Beitrag zum Drehmoment geben. Der Effekt ist aber klein gegenüber den übrigen Beiträgen. Wir werden daher hier nicht näher darauf eingehen.

4.3. Die Umrechnung der Spannungsgleichungen. Um die Spannungsgleichung (3, 14) mit den Größen der Längs- und Querachse schreiben zu können, müssen wir noch die Umrechnung der Flußverkettungen und ihrer Ableitung nach der Zeit haben. Für die Flußverkettungen finden wir mit den gleichen Überlegungen, wie wir sie für die Ströme und die Spannungen angestellt haben, die entsprechenden Gleichungssysteme:

$$\left.\begin{aligned}
\psi_d &= \frac{2}{3} \cdot \left[\psi_a \cdot \cos\vartheta + \psi_b \cdot \cos\left(\vartheta - \frac{2}{3}\pi\right) + \psi_c \cdot \cos\left(\vartheta + \frac{2}{3}\pi\right)\right], \\
\psi_q &= -\frac{2}{3} \cdot \left[\psi_a \cdot \sin\vartheta + \psi_b \cdot \sin\left(\vartheta - \frac{2}{3}\pi\right) + \psi_c \cdot \sin\left(\vartheta + \frac{2}{3}\pi\right)\right], \\
\psi_0 &= \frac{1}{3} \cdot (\psi_a + \psi_b + \psi_c).
\end{aligned}\right\} \tag{16}$$

$$\left.\begin{aligned}
\psi_a &= \psi_d \cdot \cos\vartheta - \psi_q \cdot \sin\vartheta + \psi_0, \\
\psi_b &= \psi_d \cdot \cos\left(\vartheta - \frac{2}{3}\pi\right) - \psi_q \cdot \sin\left(\vartheta - \frac{2}{3}\pi\right) + \psi_0, \\
\psi_c &= \psi_d \cdot \cos\left(\vartheta + \frac{2}{3}\pi\right) - \psi_q \cdot \sin\left(\vartheta + \frac{2}{3}\pi\right) + \psi_0.
\end{aligned}\right\} \tag{17}$$

Wenn wir nun aus der ersten der Gl. (17) $d\,\psi_a/dt$ bilden, müssen wir beachten, daß nicht nur ψ_d, ψ_q, ψ_0 Funktionen der Zeit sind, sondern auch ϑ. Daher wird

$$\frac{d\,\psi_a}{dt} = \frac{d\,\psi_d}{dt} \cdot \cos\vartheta - \psi_d \cdot \sin\vartheta \cdot \frac{d\,\vartheta}{dt} - \frac{d\,\psi_q}{dt} \cdot \sin\vartheta - \psi_q \cdot \cos\vartheta \cdot \frac{d\vartheta}{dt} + \\ + \frac{d\,\psi_0}{dt}. \tag{18}$$

Drücken wir u_a und i_a in (3, 14) ebenfalls durch die Achsenwerte aus, so wird

$$u_d \cdot \cos\vartheta - u_q \cdot \sin\vartheta + u_0 = - i_d \cdot r \cdot \cos\vartheta + i_q \cdot r \cdot \sin\vartheta - i_0 \cdot r - \qquad (19)$$

$$-\frac{d\psi_d}{dt} \cdot \cos\vartheta + \psi_d \cdot \sin\vartheta \cdot \frac{d\vartheta}{dt} + \frac{d\psi_q}{dt} \cdot \sin\vartheta + \psi_q \cdot \cos\vartheta \cdot \frac{d\vartheta}{dt} - \frac{d\psi_0}{dt}$$

Diese Gleichung muß für jeden beliebigen Wert von t, also auch von ϑ erfüllt sein. Das ist nur möglich, wenn die Koeffizienten der Cosinus-Glieder, der Sinus-Glieder und der von ϑ freien Glieder auf beiden Seiten für sich gleich sind. Das gibt die drei Gleichungen

$$\left.\begin{aligned} u_d &= - i_d \cdot r - \frac{d\psi_d}{dt} + \psi_q \cdot \frac{d\vartheta}{dt}, \\ u_q &= - i_q \cdot r - \frac{d\psi_q}{dt} - \psi_d \cdot \frac{d\vartheta}{dt}, \\ u_0 &= - i_0 \cdot r - \frac{d\psi_0}{dt}. \end{aligned}\right\} \qquad (20)$$

Die Spannungen der Längs- und der Querachse setzen sich also je aus einem OHMschen Anteil, einer Transformations-EMK und einer Rotations-EMK zusammen. Die transformatorischen Glieder sind neu; die andern hatten wir schon im stationären Zustand (3, 18) gefunden.

4.4. Die Flußverkettungen der Längs- und Querachse. Die Flußverkettung ψ_d setzt sich aus den Anteilen aller Ströme der d-Achse zusammen. Diese sind: der Statorstrom i_d, der Erregerstrom i_f und der Strom i_D in der Dämpferwicklung. Da wir die geeignete Bezugsgröße für die Dämpferströme erst noch finden müssen, werden wir die Gleichungen für die Flußverkettungen vorläufig in gewöhnlichen, also nicht bezogenen Größen aufstellen. Mit den Bezugsrichtungen der Abb. 11 wird

$$\Psi_d = i_d \cdot L_{dd} + i_D \cdot L_{Dd} - i_f \cdot L_{fd}. \qquad (21)$$

Entsprechende Gleichungen gelten für die andern Wicklungen der d-Achse:

$$\Psi_f = - i_d \cdot L_{df} - i_D \cdot L_{Df} + i_f \cdot L_{ff}, \qquad (22)$$

$$\Psi_D = - i_d \cdot L_{dD} + i_D \cdot L_{DD} - i_f \cdot L_{fD}, \qquad (23)$$

und für die beiden Wicklungen der q-Achse:

$$\Psi_q = i_q \cdot L_{qq} + i_Q \cdot L_{Qq}, \qquad (24)$$

$$\Psi_Q = i_q \cdot L_{qQ} + i_Q \cdot L_{QQ}. \qquad (25)$$

In diesen Gleichungen und in allen zukünftigen unterscheiden wir die Ersatzwicklungen für den Stator in der Längs- und Querachse durch die Indizes d und q, die Dämpferwicklungen der Längs- und Querachse durch D und Q und die Feldwicklung durch den Index f. In den Gl. (21) und (24) wurde der Symmetrie halber statt der früher schon benutzten L_d und L_q, L_{dd} und L_{qq} geschrieben.

Wir gehen nun dazu über, die Gl. (21) bis (25) durch bezogene Größen auszudrücken. Wir dividieren Gl. (21) durch den Bezugswert für die Statorflußverkettungen $U_n \cdot \sqrt{2} / 2\pi f_n$ und drücken gleichzeitig den Strom i_d durch $\dot{i}_d$ (3, 2) und L_{dd} durch x_d (3, 9) aus:

$$\psi_d = \dot{i}_d \cdot x_d + \dot{i}_D \cdot \frac{2\pi f_n \cdot L_{Dd}}{U_n \cdot \sqrt{2}} - \dot{i}_f \cdot \frac{2\pi f_n \cdot L_{fd}}{U_n \cdot \sqrt{2}} . \tag{26}$$

Bei Leerlauf und Nennspannung ist $i_f = I_{fl}$ und

$$\Psi_{dl} = -I_{fl} \cdot L_{fd} = -\frac{U_n \cdot \sqrt{2}}{2\pi f_n} . \tag{27}$$

Daraus folgt

$$I_{fl} = \frac{U_n \cdot \sqrt{2}}{2\pi f_n \cdot L_{fd}} . \tag{28}$$

Nach früherer Abmachung (Abschnitt 3.2) beziehen wir alle Größen der Feldwicklung auf den Wert, den die betreffende Größe im Leerlauf mit Nennspannung hat. Für den Strom i_f schreiben wir daher

$$i_f = \dot{i}_f \cdot I_{fl} \tag{29}$$

und für die Flußverkettung Ψ_f

$$\Psi_f = \psi_f \cdot \Psi_{fl} , \tag{30}$$

wobei

$$\Psi_{fl} = I_{fl} \cdot L_{ff} = \frac{U_n \cdot \sqrt{2}}{2\pi f_n} \cdot \frac{L_{ff}}{L_{fd}} . \tag{31}$$

Dividieren wir (22) durch diesen Wert, so folgt

$$\psi_f = -\dot{i}_d \cdot I_n \cdot \sqrt{2} \cdot \frac{2\pi f_n}{U_n \cdot \sqrt{2}} \cdot \frac{L_{df} \cdot L_{fd}}{L_{ff}} - \dot{i}_D \cdot \frac{2\pi f_n}{U_n \cdot \sqrt{2}} \cdot \frac{L_{Df} \cdot L_{fd}}{L_{ff}} + \dot{i}_f . \tag{32}$$

Für die Dämpferwicklung gibt es kaum physikalisch einleuchtende Bezugsgrößen. Dies hängt damit zusammen, daß in jedem stationären Zustand die Dämpferströme Null sind. Unter diesen Umständen wählen wir in rein formaler Analogie zu den Gl. (28) und (31) als Bezugsgröße für i_D den Strom $U_n \cdot \sqrt{2} / (2\pi f_n \cdot L_{Dd})$, und für Ψ_D die Flußverkettung $U_n \cdot \sqrt{2} \cdot L_{DD} / (2\pi f_n \cdot L_{Dd})$, setzen also

$$i_D = \dot{i}_D \cdot \frac{U_n \cdot \sqrt{2}}{2\pi f_n \cdot L_{Dd}}, \tag{33}$$

$$\Psi_D = \psi_D \cdot \frac{U_n \cdot \sqrt{2}}{2\pi f_n} \cdot \frac{L_{DD}}{L_{Dd}}. \tag{34}$$

Setzen wir das in den Gl. (26), (32) und (23) ein und führen in den beiden letzten im ersten Glied ebenfalls x_d ein, so finden wir:

$$\left.\begin{aligned}
\psi_d &= \dot{i}_d \cdot x_d + \dot{i}_D - \dot{i}_f, \\
\psi_f &= -\dot{i}_d \cdot x_d \cdot \frac{L_{df} \cdot L_{fd}}{L_{dd} \cdot L_{ff}} - \dot{i}_D \cdot \frac{L_{Df} \cdot L_{fd}}{L_{Dd} \cdot L_{ff}} + \dot{i}_f, \\
\psi_D &= \dot{i}_d \cdot x_d \cdot \frac{L_{dD} \cdot L_{Dd}}{L_{dd} \cdot L_{DD}} + \dot{i}_D - \dot{i}_f \cdot \frac{L_{fD} \cdot L_{Dd}}{L_{fd} \cdot L_{DD}}.
\end{aligned}\right\} \tag{35}$$

Zu diesen Gleichungen kommen noch diejenigen für die q-Achse. Entsprechend (33) und (34) setzen wir:

$$i_Q = \dot{i}_Q \cdot \frac{U_n \cdot \sqrt{2}}{2\pi f_n \cdot L_{Qq}}, \tag{36}$$

$$\Psi_Q = \psi_Q \cdot \frac{U_n \cdot \sqrt{2}}{2\pi f_n \cdot L_{Qq}} \cdot L_{QQ}. \tag{37}$$

Setzen wir das und die bezogenen Werte von i_q und Ψ_q in (24) und (25) ein, so folgt

$$\left.\begin{aligned}
\psi_q &= \dot{i}_q \cdot x_q + \dot{i}_Q, \\
\psi_Q &= \dot{i}_q \cdot x_q \cdot \frac{L_{qQ} \cdot L_{Qq}}{L_{qq} \cdot L_{QQ}} + \dot{i}_Q.
\end{aligned}\right\} \tag{38}$$

Um die etwas schwerfälligen Verhältnisse von Induktivitäten in den Gl. (35) und (38) zu entfernen, führen wir die Streukoeffizienten der verschiedenen Wicklungspaare und einige weitere charakteristische Größen ein. In der d-Achse haben wir drei miteinander magnetisch gekoppelte Wicklungen, die wir auf drei Arten zu Paaren zusammenfassen können:

a) Statorwicklung—Dämpferwicklung:

$$\text{Streukoeffizient } \sigma_{dD} = 1 - \frac{L_{dD} \cdot L_{Dd}}{L_{dd} \cdot L_{DD}},$$

b) Statorwicklung—Feldwicklung:

$$\text{Streukoeffizient } \sigma_{df} = 1 - \frac{L_{df} \cdot L_{fd}}{L_{dd} \cdot L_{ff}}, \tag{39}$$

c) Feldwicklung—Dämpferwicklung:

$$\text{Streukoeffizient } \sigma_{fD} = 1 - \frac{L_{fD} \cdot L_{Df}}{L_{ff} \cdot L_{DD}}.$$

In der Querachse haben wir nur das einzige Wicklungspaar Statorwicklung—Dämpferwicklung mit dem Streukoeffizienten

$$\sigma_q = 1 - \frac{L_{qQ} \cdot L_{Qq}}{L_{qq} \cdot L_{QQ}}. \tag{40}$$

In den Gl. (35) kommen noch zwei anders zusammengesetzte Ausdrücke von Induktivitäten vor. Solche lassen sich im ganzen 6 bilden, von denen je zwei gleich sind. Wir schreiben sie in der Form

$$\left.\begin{aligned} 1 - \mu_d &= \frac{L_{df} \cdot L_{Dd}}{L_{dd} \cdot L_{Df}} = \frac{L_{dD} \cdot L_{fd}}{L_{dd} \cdot L_{fD}}, \\ 1 - \mu_f &= \frac{L_{fd} \cdot L_{Df}}{L_{ff} \cdot L_{Dd}} = \frac{L_{fD} \cdot L_{df}}{L_{ff} \cdot L_{dD}}, \\ 1 - \mu_D &= \frac{L_{Dd} \cdot L_{fD}}{L_{DD} \cdot L_{fd}} = \frac{L_{Df} \cdot L_{dD}}{L_{DD} \cdot L_{df}}. \end{aligned}\right\} \tag{41}$$

Mit diesen Abkürzungen können wir die Gl. (35) und (38) in der endgültigen Form schreiben:

$$\left.\begin{aligned} \psi_d &= i_d \cdot x_d + i_D - i_f, \\ \psi_f &= -i_d \cdot x_d \cdot (1 - \sigma_{df}) - i_D \cdot (1 - \mu_f) + i_f, \\ \psi_D &= i_d \cdot x_d \cdot (1 - \sigma_{dD}) + i_D - i_f \cdot (1 - \mu_D). \end{aligned}\right\} \tag{42}$$

$$\left.\begin{aligned} \psi_q &= i_q \cdot x_q + i_Q, \\ \psi_Q &= i_q \cdot x_q \cdot (1 - \sigma_q) + i_Q. \end{aligned}\right\} \tag{43}$$

Da der Nullstrom nach den gemachten Voraussetzungen keine Rückwirkungen weder auf die d-Achse noch auf die q-Achse ausübt, können wir für ihn einfach setzen:

$$\psi_0 = i_0 \cdot x_0. \tag{44}$$

Die dadurch definierte Nullreaktanz kann z. B. gemessen werden, indem man alle drei Stränge in Reihe schaltet und mit dem Nennstrom speist. Die dazu nötige Spannung, auf die Nennspannung bezogen, ist $3 \cdot x_0$.

4.5. Über die Koeffizienten in den Gleichungen der Flußverkettungen. Bevor wir weitergehen ist es nützlich, die drei Gl. (42) und die darin vorkommenden Koeffizienten etwas zu betrachten. Einerseits wird dadurch die physikalische Bedeutung der verschiedenen Größen klarer; anderseits werden wir eine Anzahl Beziehungen zwischen ihnen finden, die die späteren Rechnungen erleichtern. Wir wenden uns zunächst diesen formalen Beziehungen zwischen den verschiedenen σ und μ zu. Multipliziert man in der ersten Gl. (41) die beiden Ausdrücke für $1-\mu_d$ miteinander, so erhält man

$$(1 - \mu_d)^2 = \frac{L_{df} \cdot L_{fd} \cdot L_{dD} \cdot L_{Dd}}{L_{dd}^2 \cdot L_{fD} \cdot L_{Df}}.$$

Mit Hilfe der Gl. (39) läßt sich dafür schreiben:

$$\underline{(1-\mu_d)^2} = \frac{(1-\sigma_{df})\cdot L_{dd}\cdot L_{ff}\cdot(1-\sigma_{dD})\cdot L_{dd}\cdot L_{DD}}{L_{dd}^2\cdot(1-\sigma_{fD})\cdot L_{ff}\cdot L_{DD}}$$

$$= \underline{\frac{(1-\sigma_{df})\cdot(1-\sigma_{dD})}{1-\sigma_{fD}}}\,. \tag{45}$$

Auf genau entsprechende Weise finden wir aus der zweiten und dritten Gl. (41):

$$\left.\begin{aligned}(1-\mu_f)^2 &= \frac{(1-\sigma_{df})\cdot(1-\sigma_{fD})}{1-\sigma_{dD}}\,,\\ (1-\mu_D)^2 &= \frac{(1-\sigma_{dD})\cdot(1-\sigma_{fD})}{1-\sigma_{df}}\,.\end{aligned}\right\} \tag{46}$$

Multipliziert man nun Gl. (45) mit $(1-\sigma_{fD})^2$, die erste Gl. (46) mit $(1-\sigma_{dD})^2$ und die zweite mit $(1-\sigma_{df})^2$, so erhält man jedesmal dasselbe Produkt $(1-\sigma_{df})\cdot(1-\sigma_{dD})\cdot(1-\sigma_{fD})$. Zieht man noch die Wurzel, so hat man

$$(1-\sigma_{fD})\cdot(1-\mu_d) = (1-\sigma_{dD})\cdot(1-\mu_f) = (1-\sigma_{df})\cdot(1-\mu_D)$$

$$= \sqrt{(1-\sigma_{df})\cdot(1-\sigma_{dD})\cdot(1-\sigma_{fD})}\,. \tag{47}$$

Schreibt man (45) in der Form $(1-\mu_d)^2\cdot(1-\sigma_{fD}) = (1-\sigma_{df})\cdot(1-\sigma_{dD})$, so erhält man nach Ausmultiplizieren der linken Seite durch eine einfache Umstellung

$$\mu_d^2\cdot(1-\sigma_{fD}) = (1-\sigma_{df})\cdot(1-\sigma_{dD}) - (1-2\mu_d)\cdot(1-\sigma_{fD})$$

$$= (1-\sigma_{df})\cdot(1-\sigma_{dD}) + (1-\sigma_{fD}) - 2(1-\sigma_{fD})\cdot(1-\mu_d)\,.$$

Für das letzte Produkt kann man (47) einsetzen. Das gibt, etwas umgestellt,

$$\mu^2_d\cdot(1-\sigma_{fD}) = 2\left[1-\sqrt{(1-\sigma_{df})\cdot(1-\sigma_{dD})\cdot(1-\sigma_{fD})}\right] - \sigma_{df} - \sigma_{dD} -$$

$$- \sigma_{fD} + \sigma_{df}\cdot\sigma_{dD}\,.$$

Durch entsprechende Behandlung der beiden Gl. (46) erhält man zwei weitere solche Beziehungen. Alle drei lassen sich in der Gleichung

$$\sigma_{df}\cdot\sigma_{dD} - \mu_d^2\cdot(1-\sigma_{fD}) = \sigma_{df}\cdot\sigma_{fD} - \mu_f^2\cdot(1-\sigma_{dD})$$

$$= \sigma_{dD}\cdot\sigma_{fD} - \mu_D^2\cdot(1-\sigma_{df})$$

$$= \sigma_{df} + \sigma_{dD} + \sigma_{fD} - 2 +$$

$$+ 2\cdot\sqrt{(1-\sigma_{df})\cdot(1-\sigma_{dD})\cdot(1-\sigma_{fD})} \tag{48}$$

zusammenfassen. Multiplizieren wir die erste Gl. (46) mit (45) und ziehen ebenfalls die Wurzel, so erhalten wir die weitere Beziehung

$$(1-\mu_d)\cdot(1-\mu_f) = (1-\sigma_{df})\,. \tag{49}$$

Ganz entsprechend finden wir die beiden andern

$$\left.\begin{aligned}(1-\mu_d)\cdot(1-\mu_D) &= (1-\sigma_{dD})\,,\\ (1-\mu_f)\cdot(1-\mu_D) &= (1-\sigma_{fD})\,.\end{aligned}\right\} \tag{50}$$

Nun können wir uns der physikalischen Bedeutung der Gl. (42) und ihrer Koeffizienten zuwenden. Die drei Wicklungen d, D und f bilden zusammen einen Dreiwicklungstransformator. An diesem nehmen wir einige Gedankenexperimente vor. Wir denken uns die drei Wicklungen widerstandslos oder dann die Frequenz so hoch, daß die Widerstände gegenüber den Reaktanzen keine Rolle mehr spielen. Die Wicklung d werde mit einem Wechselstrom i_d gespeist.

a) Die andern beiden Wicklungen seien offen (Leerlauf). Die Ströme i_D und i_f, sind also Null. Wir erhalten daher an den drei Wicklungen Spannungen (Die bezogenen Werte der Spannungen und der Flußverkettungen sind bei stationärem Wechselstrom gleich.):

$$\psi_{dl} = i_d\cdot x_d\,,\qquad \psi_{fl} = -i_d\cdot x_d\cdot(1-\sigma_{df})\,,\qquad \psi_{Dl} = i_d\cdot x_d\cdot(1-\sigma_{dD})\,. \tag{51}$$

Die Verhältnisse

$$\frac{\psi_{fl}}{\psi_{dl}} = 1-\sigma_{df}\,,\qquad\qquad \frac{\psi_{Dl}}{\psi_{dl}} = 1-\sigma_{dD} \tag{52}$$

stellen die Leerlaufübersetzungen des Transformators dar; x_d ist seine Leerlaufimpedanz von der Seite d aus gemessen.

b) Wicklung D wird kurzgeschlossen, während Wicklung f vorläufig offenbleibt (Teilkurzschluß). Aus der Gleichung $\psi_D = 0$ erhält man den Kurzschlußstrom $i_{Dk} = -i_d\cdot x_d\cdot(1-\sigma_{dD})$. Setzt man diesen in ψ_d ein, so wird

$$\psi_{dk} = i_d\cdot x_d\cdot\sigma_{dD}\,. \tag{53}$$

$x_d\cdot\sigma_{dD}$ ist also die Kurzschlußimpedanz von d aus gemessen, wenn die Wicklung D kurzgeschlossen, f aber offen ist. Setzt man i_{Dk} auch in ψ_f ein, so findet man unter Anwendung von (47)

$$\begin{aligned}\psi_{fk} &= -i_d\cdot x_d\cdot\left[(1-\sigma_{df})-(1-\sigma_{dD})\cdot(1-\mu_f)\right]\\ &= -i_d\cdot x_d\,(1-\sigma_{df})\cdot\mu_D = \psi_{fl}\cdot\mu_D\,.\end{aligned} \tag{54}$$

$\mu_D = \psi_{fk}/\psi_{fl}$ ist also das Verhältnis, in dem die Spannung an der offenen Wicklung f zurückgeht, wenn man bei gleichgehaltenem Strom in der Wicklung d die dritte Wicklung D kurzschließt. Die μ_d und μ_f lassen sich ganz entsprechend erklären, wenn man die Rolle der verschiedenen Wicklungen vertauscht. Damit haben wir einen Einblick in die Bedeutung der Größen μ gewonnen.

c) Wicklung f werde nun auch noch kurzgeschlossen (vollständiger Kurzschluß). Die Kurzschlußimpedanz, die man unter diesen Umständen (D und f gleichzeitig kurzgeschlossen), an der Wicklung d mißt, ist die schon früher im Abschnitt 2.4 erwähnte „flüchtige Stoßreaktanz" x_d''. Im Gleichungssystem (42) haben wir daher $\psi_d = i_d \cdot x_d''$, $\psi_f = \psi_D = 0$ zu setzen. Bringen wir dann in der ersten Gleichung das Glied $i_d \cdot x_d''$ noch auf die andere Seite, so können wir schreiben

$$\left.\begin{aligned} i_d \cdot (x_d - x_d'') \quad &+ i_D &&- i_f &&= 0\,, \\ - i_d \cdot x_d \cdot (1 - \sigma_{df}) &- i_D \cdot (1 - \mu_f) &&+ i_f &&= 0\,, \\ i_d \cdot x_d \cdot (1 - \sigma_{dD}) &+ i_D &&- i_f \cdot (1 - \mu_D) &&= 0\,. \end{aligned}\right\} \tag{55}$$

Nach einer bekannten Regel der Algebra können drei lineare Ausdrücke mit drei endlichen Variablen nur gleichzeitig Null sein, wenn die Determinante der Koeffizienten Null ist. Wir haben daher:

$$\begin{vmatrix} x_d - x_d'' & 1 & -1 \\ -x_d \cdot (1 - \sigma_{df}) & -(1 - \mu_f) & 1 \\ x_d \cdot (1 - \sigma_{dD}) & 1 & -(1 - \mu_D) \end{vmatrix} = 0 \tag{56}$$

oder entwickelt

$$(x_d - x_d'') \cdot \left[(1 - \mu_f) \cdot (1 - \mu_D) - 1\right] + x_d \cdot (1 - \sigma_{df}) \cdot \mu_D + x_d \cdot (1 - \sigma_{dD}) \cdot \mu_f = 0\,.$$

Mit der zweiten Gl. (50) ergibt das

$$(x_d - x_d'') \cdot \sigma_{fD} = x_d \cdot \left[(1 - \sigma_{df}) \cdot \mu_D + (1 - \sigma_{dD}) \cdot \mu_f\right]. \tag{57}$$

Mit Hilfe der Formel (47) läßt sich das in die symmetrische Form

$$x_d'' \cdot \sigma_{fD} = x_d \cdot \left[\sigma_{df} + \sigma_{dD} + \sigma_{fD} - 2 + 2 \cdot \sqrt{(1 - \sigma_{df}) \cdot (1 - \sigma_{dD}) \cdot (1 - \sigma_{fD})}\right] \tag{58}$$

bringen. Mit Hilfe von (48) folgt schließlich daraus

$$\begin{aligned} \underline{\frac{x_d''}{x_d} = \frac{\sigma_{df} \cdot \sigma_{dD}}{\sigma_{fD}} - \mu_d^2 \cdot \left(\frac{1 - \sigma_{fD}}{\sigma_{fD}}\right) = \sigma_{df} - \mu_f^2 \cdot \left(\frac{1 - \sigma_{dD}}{\sigma_{fD}}\right)} \\ \underline{= \sigma_{dD} - \mu_D^2 \cdot \left(\frac{1 - \sigma_{df}}{\sigma_{fD}}\right)}\,. \end{aligned} \tag{59}$$

Die beiden letzten Teile von (59) zeigen, daß x_d'' stets kleiner als $x_d \cdot \sigma_{df}$ und als $x_d \cdot \sigma_{dD}$ sein muß. Das heißt, daß die Kurzschlußimpedanz am kleinsten ist, wenn beide Wicklungen D und f gleichzeitig kurzgeschlossen sind. Das ist physikalisch einleuchtend. Die Formeln (57) bis

(59) gestatten die Berechnung von x_d'' aus den Streukoeffizienten. Praktisch ist meistens μ_d klein. Dann folgt aus dem ersten Teil von (59) die einfache Näherungsformel

$$x_d'' \approx x_d \cdot \frac{\sigma_{df} \cdot \sigma_{dD}}{\sigma_{fD}}. \tag{60}$$

Die Schreibweise der Gl. (42) und (43) mit den Streukoeffizienten findet sich in den amerikanischen Arbeiten nicht. Sie ist aber erstens wegen der Kürze vorzuziehen, zweitens auch deswegen, weil in der europäischen Literatur bei der Berechnung von Maschinen von jeher die Streukoeffizienten mit Vorliebe benutzt wurden.

5. Das vollständige Gleichungssystem für die Ausgleichsvorgänge.

5.1. Die Spannungsgleichungen für die Polradkreise. Um ein vollständiges System von Gleichungen zu bekommen, das für jeden beliebigen Vorgang die Berechnung des Verlaufs aller interessierenden Größen (Ströme, Spannungen, Flüsse, Drehzahl usw.) gestattet, müssen wir noch die Spannungsgleichungen für die Dämpferwicklungen und die Feldwicklung, sowie die Bewegungsgleichung der Maschine herleiten. In diesem Abschnitt wenden wir uns den Spannungsgleichungen zu.

Die beiden Wicklungen D und Q sind kurzgeschlossen. Bezeichnen wir mit R_D bzw. R_Q die Wicklungswiderstände, so ergibt das Induktionsgesetz die beiden Spannungsgleichungen:

$$\left.\begin{aligned} 0 &= i_D \cdot R_D + \frac{d\Psi_D}{dt}, \\ 0 &= i_Q \cdot R_Q + \frac{d\Psi_Q}{dt}. \end{aligned}\right\} \tag{1}$$

Die Zeitkonstanten der beiden Wicklungen sind L_{DD}/R_D und L_{QQ}/R_Q in sec gemessen. Ihre bezogenen Werte in rad gemessen sind daher:

$$\left.\begin{aligned} T_D &= 2\pi f_n \cdot \frac{L_{DD}}{R_D}, \\ T_Q &= 2\pi f_n \cdot \frac{L_{QQ}}{R_Q}. \end{aligned}\right\} \tag{2}$$

Drücken wir in (1) die Widerstände durch die Zeitkonstanten und die Induktivitäten aus und führen für die Ströme und Flußverkettungen ihre bezogenen Werte ein, so erhalten wir z. B. für D

$$0 = i_D \cdot \frac{U_n\sqrt{2}}{2\pi f_n \cdot L_{Dd}} \cdot \frac{2\pi f_n \cdot L_{DD}}{T_D} + 2\pi f_n \cdot \frac{d\psi_D}{dt} \cdot \frac{U_n\sqrt{2} \cdot L_{DD}}{2\pi f_n \cdot L_{Dd}}.$$

Nach Kürzung und Multiplikation mit $T_D \cdot L_{Dd}/(U_n \sqrt{2} \cdot L_{DD})$ wird daraus

$$0 = i_D + T_D \cdot \frac{d\psi_D}{dt}. \tag{3}$$

Ganz entsprechend folgt aus der zweiten Gl. (1)

$$0 = i_Q + T_Q \cdot \frac{d\psi_Q}{dt}. \tag{4}$$

Die Feldwicklung f liegt an einer Spannungsquelle (Erregermaschine, Erregergleichrichter oder Erregersammelschiene), die ihr eine Spannung u_f aufdrückt. Daher ist für sie

$$u_f = i_f \cdot R_f + \frac{d\Psi_f}{dt}. \tag{5}$$

In ihr drücken wir ebenfalls R_f durch die Induktivität L_{ff} und die Feldzeitkonstante

$$T_f = 2\pi f_n \cdot \frac{L_{ff}}{R_f} \tag{6}$$

aus und führen wieder die bezogenen Größen ein. Für die Spannung u_f wählen wir als Bezugsgröße, wie für alle Größen des Feldkreises, den Wert, den sie bei Leerlauf der Maschine bei Nennspannung hat. Dieser ist $I_{fl} \cdot R_f$. Daher erhalten wir für u_f:

$$\underline{u_f} = u_f \cdot I_{fl} \cdot R_f' = u_f \cdot \frac{U_n \sqrt{2} \cdot R_f}{2\pi f_n \cdot L_{fd}} = \underline{u_f \cdot \frac{U_n \sqrt{2} \cdot L_{ff}}{L_{fd} \cdot T_f}}. \tag{7}$$

Setzt man das in (5) ein, so wird:

$$u_f \cdot \frac{U_n \sqrt{2} \cdot L_{ff}}{L_{fd} \cdot T_f} = i_f \cdot \frac{U_n \sqrt{2}}{2\pi f_n \cdot L_{fd}} \cdot \frac{2\pi f_n \cdot L_{ff}}{T_f} + 2\pi f_n \frac{d\psi_f}{dt} \cdot \frac{U_n \sqrt{2} \cdot L_{ff}}{2\pi f_n \cdot L_{fd}}.$$

Kürzt man und multipliziert mit $T_f \cdot L_{fd}/(U_n \sqrt{2} \cdot L_{ff})$, so erhält man

$$u_f = i_f + T_f \cdot \frac{d\psi_f}{dt}. \tag{8}$$

5.2. Die Bewegungsgleichung der Maschine. Der rotierende Teil der Synchronmaschine zusammen mit demjenigen der antreibenden Kraftmaschine (im Falle eines Generators) oder der angetriebenen Arbeitsmaschine (im Falle eines Motors) habe das Trägheitsmoment J. Das von der Kraftmaschine an der Welle ausgeübte Drehmoment sei M_A, das elektrische Gegenmoment M_E. Ist ferner ω_m die mechanische Winkelgeschwindigkeit, so können wir die Bewegungsgleichung schreiben:

$$J \cdot \frac{d\omega_m}{dt} = M_A - M_E. \tag{9}$$

Wir führen nun für die mechanischen Größen ebenfalls bezogene Werte ein. Die Winkelgeschwindigkeit ω_m beziehen wir auf die synchrone Winkelgeschwindigkeit ω_s ($= 2\pi f_n$/Polpaarzahl). Den bezogenen Wert nennen wir n, da er gleichzeitig auch die bezogene Drehzahl darstellt. Wir haben also

$$\omega_m = n \cdot \omega_s\,, \tag{10}$$

$n = 1$ bedeutet also die synchrone Drehzahl. Die Abweichung von der synchronen Drehzahl $1-n$ werden wir, wie beim Asynchronmotor üblich, den Schlupf nennen und mit s bezeichnen. Multipliziert man (10) auf beiden Seiten mit der Polpaarzahl, so sieht man, daß n auch die elektrische Winkelgeschwindigkeit $d\vartheta/dt$, bezogen auf ihren synchronen Wert $2\pi f_n$, darstellt. Dieser bezogene Wert ist $d\vartheta/d\mathit{t}$. Daher haben wir als bezogenen Wert der Winkelgeschwindigkeit allgemein die drei Formen

$$n = 1 - s = \frac{d\vartheta}{d\mathit{t}}\,. \tag{11}$$

Als Bezugsgröße für das Drehmoment haben wir bereits dasjenige gewählt, das bei synchroner Drehzahl eine Leistung gleich der Nennscheinleistung P_{sn} der Maschine gibt. Daher können wir schreiben:

$$\left.\begin{aligned} M_A &= m_A \cdot \frac{P_{sn}}{\omega_s}\,, \\ M_E &= m_E \cdot \frac{P_{sn}}{\omega_s}\,. \end{aligned}\right\} \tag{12}$$[1]

Setzen wir (10) und (12) in (9) ein, so bekommen wir

$$J \cdot \omega_s \cdot \frac{dn}{dt} = \frac{P_{sn}}{\omega_s} \cdot (m_A - m)$$

oder

$$\frac{J \cdot \omega_s^2}{P_{sn}} \cdot \frac{dn}{dt} = 2\,H \cdot \frac{dn}{dt} = m_A - m\,. \tag{13}$$

Darin wurde als Abkürzung die Konstante

$$H = \frac{J \cdot \omega_s^2}{2 \cdot P_{sn}} \tag{14}$$

eingeführt. Sie heißt die Trägheitskonstante (engl. Inertia constant) und stellt das Verhältnis der kinetischen Energie der rotierenden Massen bei synchroner Drehzahl zur Nennscheinleistung dar. Sie hat daher die Dimension einer Zeit. Der bezogene Wert von 2 H

$$4\pi f_n \cdot H = T_m \tag{15}$$

[1] Wir lassen in Übereinstimmung mit Gl. (3,23) bzw. (4,15) in Zukunft bei m_E den Index E weg.

heißt die mechanische Zeitkonstante oder Anlaufzeitkonstante der Maschine. Würde an der Welle ein konstantes beschleunigendes Drehmoment entsprechend der Nennscheinleistung wirken, so würde die Maschine in der Zeit T_m rad bzw. 2 H sec vom Stillstand bis zur synchronen Drehzahl beschleunigt. Führen wir in der Bewegungsgleichung (13) noch die bezogene Zeit und für m den früher gefundenen Ausdruck (4, 15) ein, so können wir der Bewegungsgleichung die endgültige Gestalt

$$\underline{T_m \cdot \frac{d^2\vartheta}{d t^2} + \psi_q \cdot i_d - \psi_d \cdot i_q = m_A} \tag{16}$$

geben.

In der Praxis wird meist nicht das Trägheitsmoment J, sondern das sogenannte Schwungmoment GD^2 benutzt und in kg^*m^2 angegeben (kg^* = Kilogramm Kraft zur Unterscheidung von kg = Kilogramm Masse). Drückt man J in $kgm^2 = Ws^3$ aus, so besteht zwischen den Zahlenwerten die Beziehung $J = GD^2/4$. Führt man statt der synchronen Winkelgeschwindigkeit die synchrone Drehzahl n_s in U/min ein, so läßt sich die kinetische Energie schreiben (ausgedrückt in kWs):

$$\frac{1}{2} \cdot J \cdot \omega_s^2 \cdot 10^{-3} = \frac{GD^2}{8} \cdot \left(\frac{\pi \cdot n_s}{30}\right)^2 \cdot 10^{-3} = \frac{\pi^2}{7{,}2} \cdot GD^2 \cdot \left(\frac{n_s}{1000}\right)^2$$

$$= 1{,}37 \cdot GD^2 \cdot \left(\frac{n_s}{1000}\right)^2 .$$

Setzt man P_{sn} in kVA ein, so hat man schließlich

$$\underline{H = 1{,}37 \cdot \frac{GD^2}{P_{sn}} \cdot \left(\frac{n_s}{1000}\right)^2 .} \tag{17}$$

5.3. Zusammenstellung des gesamten Gleichungssystems. Wir stellen hier der besseren Übersicht halber nochmals das ganze jetzt vorliegende Gleichungssystem zusammen. Als Variable treten auf: die 4 Spannungen u_d, u_q, u_o, u_f; die 6 Ströme i_d, i_q, i_o, i_f, i_D, i_Q; die 6 Flußverkettungen ψ_d, ψ_q, ψ_o, ψ_f, ψ_D, ψ_Q; der Winkel ϑ, der die räumliche Lage des Polrades angibt und schließlich das an der Welle wirkende äußere Drehmoment m_A. Diese 18 Größen sind durch die folgenden 7 Differentialgleichungen miteinander verknüpft:

$$\left.\begin{aligned} u_d &= -i_d \cdot r - \frac{d\psi_d}{dt} + \psi_q \cdot \frac{d\vartheta}{dt} , \\ u_q &= -i_q \cdot r - \frac{d\psi_q}{dt} - \psi_d \cdot \frac{d\vartheta}{dt} , \end{aligned}\right\} \tag{18}$$

$$u_0 = -i_0 \cdot r - \frac{d\psi_0}{dt}, \tag{19}$$

$$u_f = i_f + T_f \cdot \frac{d\psi_f}{dt}, \tag{20}$$

$$\left.\begin{aligned} 0 &= i_D + T_D \cdot \frac{d\psi_D}{dt}, \\ 0 &= i_Q + T_Q \cdot \frac{d\psi_Q}{dt}, \end{aligned}\right\} \tag{21}$$

$$m_A = \psi_q \cdot i_d - \psi_d \cdot i_q + T_m \cdot \frac{d^2\vartheta}{dt^2}. \tag{22}$$

Dazu kommen 6 lineare Gleichungen, die die Flußverkettungen durch die Ströme ausdrücken:

$$\left.\begin{aligned} \psi_d &= i_d \cdot x_d + i_D - i_f, \\ \psi_q &= i_q \cdot x_q + i_Q, \end{aligned}\right\} \tag{23}$$

$$\psi_0 = i_0 \cdot x_0, \tag{24}$$

$$\psi_f = -i_d \cdot x_d \cdot (1 - \sigma_{df}) - i_D \cdot (1 - \mu_f) + i_f, \tag{25}$$

$$\left.\begin{aligned} \psi_D &= i_d \cdot x_d \cdot (1 - \sigma_{dD}) + i_D - i_f \cdot (1 - \mu_D), \\ \psi_Q &= i_q \cdot x_q \cdot (1 - \sigma_q) + i_Q. \end{aligned}\right\} \tag{26}$$

Meistens sind die 4 Spannungen und das Drehmoment m_A gegeben. Die 13 Gleichungen (18) bis (26) genügen dann gerade, um die 13 übrigen Größen zu bestimmen. Praktisch ist die Auflösung dieses Gleichungssystems im allgemeinen Fall allerdings sehr schwierig. Das hängt damit zusammen, daß die Gl. (18) wegen der Glieder $\psi_q \cdot \frac{d\vartheta}{dt}$ und $-\psi_d \cdot \frac{d\vartheta}{dt}$ und die Gl. (22) wegen der Produkte $\psi_q \cdot i_d$ und $-\psi_d \cdot i_q$ nicht linear sind. Alle Fälle, wo $\frac{d\vartheta}{dt}$ sich im Verlauf des untersuchten Vorgangs stark ändert, lassen sich nur durch graphische oder numerische schrittweise Integration oder mit besonderen Integriermaschinen (BUSH-Maschine, Differentialanalyzer) lösen. Zum Glück gibt es aber viele praktisch interessante Fälle, in denen die Geschwindigkeit $\frac{d\vartheta}{dt}$ während des Vorgangs konstantbleibt oder wenigstens näherungsweise als konstant angenommen werden darf. In diesen Fällen werden die Gleichungen linear, bis auf die Bewegungsgleichung. Diese wird unter dieser Voraussetzung aber für die Bestimmung der Ströme und Flußverkettungen nicht gebraucht, sondern dient nur noch zur nachträglichen Kontrolle, ob $\frac{d\vartheta}{dt}$ genügend konstantgeblieben sei.

In diesem wichtigen Spezialfall kann man die Rechnung erheblich abkürzen durch Anwendung der Operatorenrechnung. In der amerikanischen Literatur wurde, wie schon in der Einleitung gesagt, bis jetzt nur die HEAVISIDEsche Form der Operatorenrechnung benutzt. Wegen ihrer größeren Leistungsfähigkeit wollen wir hingegen die LAPLACE-Transformation verwenden. Um jedoch die Resultate bequemer mit denjenigen der amerikanischen Literatur vergleichen zu können, wählen wir die modifizierte Form der LAPLACE-Transformation nach VAN DER POL. Bei dieser ist die Bildfunktion $\tilde{f}(p)$ mit der Originalfunktion $f(t)$ verknüpft durch die Beziehung

$$\tilde{f}(p) = p \cdot \int_0^\infty e^{-p \cdot t} \cdot f(t) \cdot dt \doteqdot f(t) . \tag{27}$$

In allen Fällen, wo die HEAVISIDEsche Operatorenrechnung korrekte Resultate liefert, stimmen diese mit den durch die Transformation (27) erhaltenen überein. Die von uns gebrauchten Gesetze und Ergebnisse der Transformation (27) sind im Anhang II kurz zusammengestellt.

5.4. Die Gleichungen der Synchronmaschine im Bildbereich. Wir werden alle Größen im Bildbereich (p-Bereich) durch dasselbe Symbol wie im Originalbereich (t-Bereich), jedoch mit darübergesetztem $\sim$ darstellen. Diese sonst nicht übliche Darstellung empfiehlt sich hier, da wegen der großen Zahl von vorkommenden Größen nicht genügend Zeichen für neue Symbole zur Verfügung ständen. Die gelegentlich in der Literatur vorkommende Unterscheidung durch Indizes ist hier nicht zweckmäßig, da ohnehin alle Größen schon einen Index haben. Die konstanten Anfangswerte der verschiedenen Größen werden durch große Buchstaben mit dem Index Null bezeichnet.

Durch Anwendung des Gesetzes für die Differentiation im Originalbereich (II, 9) auf die Gl. (18) bis (21) finden wir

$$\left.\begin{aligned} \tilde{u}_d &= -\tilde{i}_d \cdot r - p \cdot (\tilde{\psi}_d - \Psi_{d0}) + n \cdot \tilde{\psi}_q , \\ \tilde{u}_q &= -\tilde{i}_q \cdot r - p \cdot (\tilde{\ }_q - \Psi_{q0}) - n \cdot \tilde{\psi}_d . \end{aligned}\right\} \tag{28}$$

$$\tilde{u}_0 = -\tilde{i}_0 \cdot r - p \cdot (\tilde{\psi}_0 - \Psi_{00}) . \tag{29}$$

$$\tilde{u}_f = \tilde{i}_f + T_f \cdot p \cdot (\tilde{\psi}_f - \Psi_{f0}) . \tag{30}$$

$$\left.\begin{aligned} 0 &= \tilde{i}_D + T_D \cdot p \cdot (\tilde{\psi}_D - \Psi_{D0}) . \\ 0 &= \tilde{i}_Q + T_Q \cdot p \cdot (\tilde{\psi}_Q - \Psi_{Q0}) . \end{aligned}\right\} \tag{31}$$

Die Gl. (23) bis (26) gelten ganz unverändert sowohl für die Größen im Bildbereich, als auch für die konstanten Anfangswerte.

Setzen wir z. B. in Gl. (29) $\tilde{\psi}_o$ und Ψ_{o0} ein, so erhalten wir

$$\tilde{u}_o = -\tilde{i}_o \cdot (r + p \cdot x_o) + p \cdot I_{o0} \cdot x_o . \qquad (32)$$

Diese Gleichung für das Nullsystem hängt mit den andern gar nicht zusammen und braucht keine weitere Erwähnung mehr. In der zweiten Gl. (31) ersetzen wir ebenso $\tilde{\psi}_Q$ und Ψ_{Q0}:

$$0 = (1 + p \cdot T_Q) \cdot \tilde{i}_Q - I_{Q0} \cdot p \cdot T_Q + x_q \cdot (1 - \sigma_q) \cdot p \cdot T_Q \cdot (\tilde{i}_q - I_{q0}) .$$

Lösen wir nach $\tilde{i}_Q$ auf und setzen dieses in $\tilde{\psi}_q = x_q \cdot \tilde{i}_q + \tilde{i}_Q$ ein, so erhalten wir:

$$\tilde{\psi}_q = x_q \cdot \tilde{i}_q - x_q \cdot (1 - \sigma_q) \cdot \frac{p \cdot T_Q}{1 + p \cdot T_Q} \cdot (\tilde{i}_q - I_{q0}) + \frac{p \cdot T_Q}{1 + p \cdot T_Q} \cdot I_{Q0} .$$

Aus dieser Gleichung läßt sich noch mit Hilfe von $\Psi_{q0} = x_q \cdot I_{q0} + I_{Q0}$ der Wert I_{Q0} eliminieren. Man erhält:

$$\underline{\tilde{\psi}_q = \tilde{i}_q \cdot x_q \cdot \frac{1 + p \cdot T_Q \cdot \sigma_q}{1 + p \cdot T_Q} + (\Psi_{q0} - I_{q0} \cdot x_q \cdot \sigma_q) \cdot \frac{p \cdot T_Q}{1 + p \cdot T_Q}} . \qquad (33)$$

Die nicht direkt meßbaren, auf den Dämpferkreis bezüglichen Größen $\tilde{i}_Q$, I_{Q0}, $\tilde{\psi}_Q$, Ψ_{Q0} sind damit alle eliminiert.

Ebenso gehen wir vor, um aus den Gleichungen für die Längsachse $\tilde{i}_D$, I_{D0}, $\tilde{\psi}_D$, Ψ_{D0} zu eliminieren. Einsetzen von $\tilde{\psi}_D$ und Ψ_{D0} in der ersten Gl. (31) gibt:

$$0 = (1 + p\,T_D)\,\tilde{i}_D - p\,T_D\,I_{D0} + x_d\,(1 - \sigma_{dD})\,p\,T_D\,(\tilde{i}_d - I_{d0}) -$$
$$- (1 - \mu_D)\,p\,T_D\,(\tilde{i}_f - I_{f0}) .$$

Lösen wir nach $\tilde{i}_D$ auf und setzen in $\tilde{\psi}_d$ und $\tilde{\psi}_f$ ein, so erhalten wir

$$\tilde{\psi}_d = x_d\,\tilde{i}_d - x_d\,(1 - \sigma_{dD})\,\frac{p\,T_D}{1 + p\,T_D}\,(\tilde{i}_d - I_{d0}) -$$
$$- \tilde{i}_f + (1 - \mu_D)\,\frac{p\,T_D}{1 + p\,T_D}\,(\tilde{i}_f - I_{f0}) + \frac{p\,T_D}{1 + p\,T_D}\,I_{D0}$$

und

$$\tilde{\psi}_f = - x_d\,(1 - \sigma_{df})\,\tilde{i}_d + x_d\,(1 - \sigma_{dD})\,(1 - \mu_f)\,\frac{p\,T_D}{1 + p\,T_D}\,(\tilde{i}_d - I_{d0}) + \tilde{i}_f -$$
$$- (1 - \mu_D)\,(1 - \mu_f)\,\frac{p\,T_D}{1 + p\,T_D}\,(\tilde{i}_f - I_{f0}) - (1 - \mu_f)\,\frac{p\,T_D}{1 + p\,T_D}\,I_{D0} .$$

In der Gleichung für $\tilde{\psi}_d$ ersetzen wir I_{D0} durch $\Psi_{d0} - x_d\,I_{d0} + I_{f0}$ und in derjenigen für $\tilde{\psi}_f$ $(1 - \mu_f)\,I_{D0}$ durch $-\Psi_{f0} - x_d\,(1 - \sigma_{df})\,I_{d0} + I_{f0}$.

Wir erhalten:

$$\tilde{\psi}_d = \tilde{i}_d \cdot x_d \cdot \frac{1 + p T_D \sigma_{dD}}{1 + p T_D} - \tilde{i}_f \cdot \frac{1 + p T_D \mu_D}{1 + p T_D} + (\Psi_{d0} - I_{d0} x_d \sigma_{dD} + I_{f0} \mu_D) \cdot \frac{p T_D}{1 + p T_D}. \tag{34}$$

In der Gleichung für $\tilde{\psi}_f$ ersetzen wir nach Gl. (4, 47) $(1 - \sigma_{dD})(1 - \mu_f)$ durch $(1 - \sigma_{df})(1 - \mu_D)$ und $(1 - \mu_D)(1 - \mu_f)$ nach Gl. (4,50) durch $(1 - \sigma_{fD})$. Damit erhalten wir:

$$\tilde{\psi}_f = - \tilde{i}_d \cdot x_d \cdot (1 - \sigma_{df}) \cdot \frac{1 + p T_D \mu_D}{1 + p T_D} + \tilde{i}_f \cdot \frac{1 + p T_D \sigma_{fD}}{1 + p T_D} + \left[\Psi_{f0} + I_{d0} x_d (1 - \sigma_{df}) \mu_D - I_{f0} \sigma_{fD}\right] \cdot \frac{p T_D}{1 + p T_D}. \tag{35}$$

Mit Hilfe dieser Gleichung und der Spannungsgleichung für das Feld Gl. (30) können wir den Feldstrom $\tilde{i}_f$ durch die im Feldkreis wirksame Spannung $\tilde{u}_f$ und den Statorstrom $\tilde{i}_d$ ausdrücken. Wir setzen (35) in (30) ein:

$$\tilde{u}_f = \tilde{i}_f \left(1 + p T_f \frac{1 + p T_D \sigma_{fD}}{1 + p T_D}\right) - \tilde{i}_d x_d (1 - \sigma_{df}) p T_f \frac{1 + p T_D \mu_D}{1 + p T_D} - \Psi_{f0} p T_f + \left[\Psi_{f0} + I_{d0} x_d (1 - \sigma_{df}) \mu_D - I_{f0} \sigma_{fD}\right] \frac{p^2 \cdot T_f T_D}{1 + p T_D}.$$

Drückt man darin Ψ_{f0} durch Ψ_{d0}, I_{d0} und I_{f0} aus ($\Psi_{f0} = -(1 - \mu_f) \Psi_{d0} + I_{d0} x_d (\sigma_{df} - \mu_f) + I_{f0} \mu_f$) und löst nach $\tilde{i}_f$ auf, so erhält man

$$\tilde{i}_f = \frac{\left\{ \tilde{i}_d x_d (1 - \sigma_{df}) p T_f (1 + p T_D \mu_D) + \tilde{u}_f (1 + p T_D) - \left[\Psi_{d0} (1 - \mu_f) + I_{d0} x_d \left[(1 - \sigma_{df}) \mu_D p T_D + \mu_f - \sigma_{df}\right] - I_{f0} (p T_D \sigma_{fD} + \mu_f) p T_f\right]\right\}}{1 + p (T_f + T_D) + p^2 \sigma_{fD} T_f T_D}.$$

Diese Gleichung läßt sich noch etwas symmetrischer schreiben in der Form

$$\tilde{i}_f - I_{f0} = \frac{\left[(\tilde{i}_d - I_{d0}) x_d (1 - \sigma_{df}) p T_f (1 + p T_D \mu_D) + (\tilde{u}_f - I_{f0})(1 + p T_D) - I_{D0} (1 - \mu_f) p T_f\right]}{1 + p (T_f + T_D) + p^2 \sigma_{fD} T_f T_D} \tag{36}$$

Darin haben wir zur Abkürzung wieder den Anfangswert des Dämpferstromes I_{D0} eingeführt, der sich ja mit Hilfe von

$$I_{D0} = \Psi_{d0} - I_{d0} \cdot x_d + I_{f0} \tag{37}$$

leicht durch die übrigen Anfangswerte ausdrücken läßt. Wir brauchen nun nur noch (36) in (34) einzusetzen, um eine Gleichung zu bekommen, in der $\tilde{\psi}_d$ allein durch $\tilde{i}_d$, $\tilde{u}_f$ und die Anfangswerte ausgedrückt ist. Vorher wollen wir (34) in die, (36) entsprechende, symmetrische Form bringen:

$$\tilde{\psi}_d - \Psi_{d0} = \frac{(\tilde{i}_d - I_{d0})\, x_d\, (1 + p T_D \sigma_{dD}) - (\tilde{i}_f - I_{f0})(1 + p T_D \mu_D) - I_{D0}}{1 + p T_D}. \tag{38}$$

Wir multiplizieren (38) mit $(1 + p T_D)\,[1 + p\,(T_f + T_D) + p^2 \sigma_{fD} T_f T_D]$ und (36) mit $(1 + p T_D \mu_D)\,[1 + p\,(T_f + T_D) + p^2 \sigma_{fD} T_f T_D]$ und subtrahieren den zweiten der so erhaltenen Ausdrücke vom ersten:

$$\begin{aligned}(\tilde{\psi}_d &- \Psi_{d0})(1 + p T_D)[1 + p\,(T_f + T_D) + p^2 \sigma_{fD} T_f T_D] = \\ &= (\tilde{i}_d - I_{d0})\, x_d \{(1 + p T_D \sigma_{dD})[1 + p\,(T_f + T_D) + p^2 \sigma_{fD} T_f T_D] - \\ &- (1 - \sigma_{df})\, p T_f (1 + p T_D \mu_D)^2\} - (\tilde{u}_f - I_{f0})(1 + p T_D)(1 + p T_D \mu_D) - \\ &- I_{D0}[1 + p\,(T_f + T_D) + p^2 \sigma_{fD} T_f T_D - (1 - \mu_f)\, p T_f (1 + p T_D \mu_D)].\end{aligned} \tag{39}$$

Den Faktor von $(\tilde{i}_d - I_{d0})\, x_d$ schreiben wir in der Form

$$\begin{aligned}(1 + pT_D)&(1 + pT_D \sigma_{dD}) + pT_f \{\sigma_{df} + pT_D[\sigma_{dD} + \sigma_{fD} - 2\,(1 - \sigma_{df})\,\mu_D] + \\ &+ p^2 T_D^2 [\sigma_{dD} \sigma_{fD} - (1 - \sigma_{df})\,\mu_D^2]\} = \\ &= (1 + pT_D)[1 + p\,(\sigma_{dD} T_D + \sigma_{df} T_f) + p^2 \cdot x_d''/x_d \cdot \sigma_{fD} T_f T_D].\end{aligned}$$

Dabei wurde der Faktor von pT_D in der eckigen Klammer mit Hilfe der Gl. (4, 47/48 u. 58) umgeformt in $\sigma_{df} + \sigma_{fD} \cdot x_d''/x_d$ und der Faktor von $p^2 T_D^2$ nach (4, 59) in $\sigma_{fD} \cdot x_d''/x_d$. Den Faktor von I_{D0} können wir unter Anwendung der Gl. (4, 50) schreiben:

$$1 + pT_D + pT_f \{\mu_f + pT_D [\sigma_{fD} - (1 - \mu_f)\,\mu_D]\} = (1 + pT_D)(1 + pT_f \mu_f).$$

Setzt man diese Ausdrücke in Gl. (39) ein, so sieht man, daß sich der Faktor $(1 + pT_D)$ weghebt. Der Rest gibt:

$$\underline{\tilde{\psi}_d - \Psi_{d0} = \frac{\{(\tilde{i}_d - I_{d0})\, x_d [1 + p\,(\sigma_{df} T_f + \sigma_{dD} T_D) + p^2 \cdot x_d''/x_d \cdot \sigma_{fD} T_f T_D]}{1 + p\,(T_f + T_D) + p^2 \sigma_{fD} T_f T_D} -}$$
$$\underline{- \frac{(\tilde{u}_f - I_{f0})(1 + pT_D \mu_D) + I_{D0}(1 + pT_f \mu_f)\}}{1 + p\,(T_f + T_D) + p^2 \sigma_{fD} T_f T_D}}. \tag{40}$$

Die beiden Gl. (28) zusammen mit (33) und (40) gestatten, für jeden Ausgleichsvorgang bei gegebenem u_d, u_q und u_f die Ströme i_d und i_q und die Flußverkettungen ψ_d und ψ_q zu berechnen. Damit kann das Drehmoment $\psi_q i_d - \psi_d i_q$ und, falls nötig, aus (36) der Feldstrom i_f gefunden werden. Diese Gleichungsgruppe bildet daher die Grundlage für die Behandlung aller Ausgleichsvorgänge.

5.5 Die Operatorenkoeffizienten. In Anlehnung an die in der amerikanischen Literatur übliche Schreibweise führen wir für die einzelnen Glieder der Gl. (33) und (40) Abkürzungen ein. Wir schreiben also die beiden Gleichungen noch einmal in der Form:

$$\tilde{\psi}_d - \Psi_{d0} = (\tilde{i}_d - I_{d0}) \cdot x_d(p) - (\tilde{u}_f - I_{f0}) \cdot G_f(p) - I_{D0} \cdot G_D(p) \,, \tag{41}$$

$$\tilde{\psi}_q - \Psi_{q0} = (\tilde{i}_q - I_{q0}) \cdot x_q(p) - I_{Q0} \cdot G_Q(p) \,. \tag{42}$$

Darin bedeuten:

$$x_d(p) = \frac{x_d + p\,(x_d\,\sigma_{df}\,T_f + x_d\,\sigma_{dD}\,T_D) + p^2\,x_d''\,\sigma_{fD}\,T_f\,T_D}{1 + p\,(T_f + T_D) + p^2\,\sigma_{fD}\,T_f\,T_d}\,, \tag{43}$$

$$x_q(p) = \frac{x_q + p\,x_q\,\sigma_q\,T_Q}{1 + p\,T_Q}\,, \tag{44}$$

$$G_f(p) = \frac{1 + p\,\mu_D\,T_D}{1 + p\,(T_f + T_D) + p^2\,\sigma_{fD}\,T_f\,T_D}\,, \tag{45}$$

$$G_D(p) = \frac{1 + p\,\mu_f\,T_f}{1 + p\,(T_f + T_D) + p^2\,\sigma_{fD}\,T_f\,T_D}\,, \tag{46}$$

$$G_Q(p) = \frac{1}{1 + p\,T_Q}\,. \tag{47}$$

Wir werden jetzt jede dieser Größen näher untersuchen.

$x_d(p)$ ist der Proportionalitätsfaktor zwischen der Bildfunktion des Stromes i_d und der Bildfunktion der Flußverkettung ψ_d. Er wird daher als Reaktanzoperator der Längsachse bezeichnet. Die Funktion $x_d(p)$ hat die Form eines Bruches mit je einem quadratischen Ausdruck im Zähler und Nenner. Für großes p strebt $x_d(p)$ dem konstanten Wert x_d'' zu. Nun wissen wir (Anhang II, 18), daß dieser Grenzwert gleich dem Grenzwert der Originalfunktion für kleines t ist. x_d'' ist also die maßgebende Statorreaktanz im ersten Augenblick eines Ausgleichsvorgangs. Wir haben bereits (Abschnitt 4.5) gesehen, daß x_d'' die ideelle Kurzschlußimpedanz des Stators bei gleichzeitig kurzgeschlossener Feld- und Dämpferwicklung ist. Für sehr kleines p nimmt $x_d(p)$ den Grenzwert x_d an. Das stellt den Wert dar, dem die Originalfunktion nach langer Zeit zustrebt (Anhang II, 17). Es ist die bereits aus dem stationären Betrieb bekannte synchrone Reaktanz. Die quadratischen Ausdrücke im Zähler und Nenner von $x_d(p)$ haben je zwei Nullstellen. Auf Grund des Aufbaues der Koeffizienten der beiden Ausdrücke sind diese Nullstellen für jede physikalisch mögliche Maschine reell und negativ. Wir bezeichnen die negativen Wurzeln des Nenners mit α_{d1} und α_{d2}. (α_{d1} und α_{d2} sind also positive Zahlen.) Aus der quadratischen Gleichung

$$1 + p\,(T_f + T_D) + p^2\,\sigma_{fD}\,T_f\,T_D = 0$$

folgt

$$\left.\begin{aligned} \alpha_{d1} &= \frac{T_f + T_D}{2\,\sigma_{fD}\,T_f\,T_D} - \sqrt{\left(\frac{T_f + T_D}{2\,\sigma_{fD}\,T_f\,T_D}\right)^2 - \frac{1}{\sigma_{fD}\,T_f\,T_D}}\,, \\ \alpha_{d2} &= \frac{T_f + T_D}{2\,\sigma_{fD}\,T_f\,T_D} + \sqrt{\left(\frac{T_f + T_D}{2\,\sigma_{fD}\,T_f\,T_D}\right)^2 - \frac{1}{\sigma_{fD}\,T_f\,T_D}}\,. \end{aligned}\right\} \quad (48)$$

Meistens ist T_f viel größer als T_D; dann gilt angenähert:

$$\alpha_{d1} \approx \frac{1}{T_f + T_D}\,, \qquad \alpha_{d2} \approx \frac{1}{\sigma_{fD}\,T_D}\,. \quad (49)$$

Für die negativen Nullstellen des Zählers β_{d1} und β_{d2} finden wir aus

$$1 + p\,(\sigma_{df}\,T_f + \sigma_{dD}\,T_D) + p^2 \cdot x_d'' / x_d \cdot \sigma_{fD}\,T_f\,T_D = 0\,,$$

$$\left.\begin{aligned} \beta_{d_1} &= \frac{\sigma_{df}\,T_f + \sigma_{dD}\,T_D}{2\,x_d''/x_d \cdot \sigma_{fD}\,T_f\,T_D} - \sqrt{\left(\frac{\sigma_{df}\,T_f + \sigma_{dD}\,T_D}{2\,x_d''/x_d \cdot \sigma_{fD}\,T_f\,T_D}\right)^2 - \frac{1}{x_d''/x_d \cdot \sigma_{fD}\,T_f\,T_D}}\,, \\ \beta_{d_2} &= \frac{\sigma_{df}\,T_f + \sigma_{dD}\,T_D}{2\,x_d''/x_d \cdot \sigma_{fD}\,T_f\,T_D} + \sqrt{\left(\frac{\sigma_{df}\,T_f + \sigma_{dD}\,T_D}{2\,x_d''/x_d \cdot \sigma_{fD}\,T_f\,T_D}\right)^2 - \frac{1}{x_d''/x_d \cdot \sigma_{fD}\,T_f\,T_D}}\,. \end{aligned}\right\} \quad (50)$$

Unter Benutzung von Gl. (4, 59) können wir den Zähler auch schreiben

$$(1 + p\,\sigma_{df}\,T_f)\,(1 + p\,\sigma_{dD}\,T_D) - p^2\,\mu_d^2\,(1 - \sigma_{fD})\,T_f\,T_D\,.$$

Für Maschinen mit üblicher Ausführung der Dämpferwicklung ist μ_d sehr klein, so daß das letzte Glied nur einen vernachlässigbaren Beitrag liefert. Daher erhalten wir als für die meisten Fälle genügende Näherung

$$\beta_{d_1} \approx \frac{1}{\sigma_{df}\,T_f}\,, \qquad \beta_{d_2} \approx \frac{1}{\sigma_{dD}\,T_D}\,. \quad (51)$$

Mit diesen Größen können wir (43) in der Form

$$x_d\,(p) = x_d'' \cdot \frac{(p + \beta_{d1})\,(p + \beta_{d2})}{(p + \alpha_{d1})\,(p + \alpha_{d2})} \quad (52)$$

schreiben. Setzen wir darin $p = 0$, so erhalten wir zwischen den β_d und den α_d die wichtige Beziehung

$$x_d'' \cdot \beta_{d_1} \cdot \beta_{d_2} = x_d \cdot \alpha_{d_1} \cdot \alpha_{d_2}\,. \quad (53)$$

Von Waring und Crary [18] wurde für $x_d\,(p)$ die Schreibweise

$$x_d\,(p) = x_d \cdot \left(1 - A_{d_1} \cdot \frac{p}{p + \alpha_{d1}} - A_{d_2} \cdot \frac{p}{p + \alpha_{d2}}\right) \quad (54)$$

eingeführt. Bringt man diesen Ausdruck auf gleichen Nenner und vergleicht den Zähler mit (52), so erhält man die beiden Beziehungen

$$x_d \cdot (1 - A_{d1} - A_{d2}) = x_d''\,. \quad (55)$$

$$x_d \cdot (\alpha_{d1} + \alpha_{d2} - A_{d1}\,\alpha_{d2} - A_{d2}\,\alpha_{d1}) = x_d'' \cdot (\beta_{d1} + \beta_{d2}) \quad (56)$$

Aus ihnen erhält man

$$\left.\begin{aligned} A_{d1} &= \frac{\alpha_{d2}}{\alpha_{d2}-\alpha_{d1}} - \frac{x_d''}{x_d}\cdot\left(\frac{\beta_{d1}+\beta_{d2}-\alpha_{d1}}{\alpha_{d2}-\alpha_{d1}}\right),\\ A_{d2} &= -\frac{\alpha_{d1}}{\alpha_{d2}-\alpha_{d1}} + \frac{x_d''}{x_d}\cdot\left(\frac{\beta_{d1}+\beta_{d2}-\alpha_{d2}}{\alpha_{d2}-\alpha_{d1}}\right). \end{aligned}\right\} \tag{57}$$

In den Anwendungen spielt häufig der Operator $1/x_d\,(p)$ eine Rolle. Es ist daher zweckmäßig, ihn in einer (54) entsprechenden Form zu schreiben:

$$\frac{1}{x_d(p)} = \frac{1}{x_d} + \left(\frac{1}{x_d'} - \frac{1}{x_d}\right)\frac{p}{p+\beta_{d1}} + \left(\frac{1}{x_d''} - \frac{1}{x_d'}\right)\frac{p}{p+\beta_{d2}}. \tag{58}$$

In dieser Gleichung tritt eine weitere Konstante, die Stoßreaktanz x_d' in Erscheinung. Sie wurde auf anschaulichem Wege schon im Abschnitt 2.4 eingeführt. Gl. (58) stellt ihre exakte Definition dar. Da alle andern Größen in (58) schon bekannt sind, läßt sich x_d' daraus berechnen. Indem man (58) auf gleichen Nenner bringt und mit (52) vergleicht, erhält man

$$x_d' = x_d''\cdot\frac{\beta_{d2}-\beta_{d1}}{\alpha_{d1}+\alpha_{d2}-\beta_{d1}\cdot(1+x_d''/x_d)}. \tag{59}$$

Für normale Synchronmaschinen mit stark verschiedenen Zeitkonstanten für Feld- und Dämpferwicklung gilt mit guter Näherung

$$x_d' \approx x_d\cdot\sigma_{df}, \tag{60}$$

d. h. die Stoßreaktanz ist angenähert die ideelle Kurzschlußreaktanz des Stators, wenn das Feld allein kurzgeschlossen ist. Bei Maschinen ohne Dämpferwicklung gilt diese Beziehung natürlich genau. Aus der Tabelle der modifizierten LAPLACE-Transformation (Anhang II, Tab.1) findet man die den Operatoren $x_d\,(p)$ und $1/x_d\,(p)$ entsprechenden Zeitfunktionen:

$$x_d(p) \div x_d\cdot(1 - A_{d1}\cdot e^{-\alpha_{d1}t} - A_{d2}\cdot e^{-\alpha_{d2}t}), \tag{61}$$

$$\frac{1}{x_d(p)} \div \frac{1}{x_d} + \left(\frac{1}{x_d'} - \frac{1}{x_d}\right)\cdot e^{-\beta_{d1}t} + \left(\frac{1}{x_d''} - \frac{1}{x_d'}\right)\cdot e^{-\beta_{d2}t}. \tag{62}$$

Man erkennt in dieser Form deutlich, wie mit wachsender Zeit die Reaktanz vom Anfangswert x_d'' auf den Endwert x_d übergeht. Für normale Maschinen ist die Feldzeitkonstante T_f viel größer als die Dämpferzeitkonstante T_D. Die Streukoeffizienten sind hingegen alle von gleicher Größenordnung. Daher wird nach (51) $\beta_{d1} \ll \beta_{d2}$. $e^{-\beta_{d2}t}$ verschwindet daher schon nach kurzer Zeit, während $e^{-\beta_{d1}t}$ sich erst wenig von 1 entfernt hat. Man erkennt daher aus (62), daß die maßgebende Reaktanz nur im ersten Moment x_d'' ist, dann rasch in x_d' übergeht und schließlich langsam in x_d. Sehr viele mäßig schnelle Vorgänge kann man daher näherungsweise so behandeln, als ob die Maschine die konstante Reaktanz x_d' hätte.

Für den Reaktanzoperator der Querachse $x_q(p)$ lassen sich ähnliche Überlegungen anstellen; nur wird alles einfacher. Entsprechend den verschiedenen Schreibweisen für $x_d(p)$ können wir schreiben:

$$x_q(p) = x_q'' \cdot \frac{p + \beta_q}{p + \alpha_q} = x_q \cdot \left(1 - A_q \cdot \frac{p}{p + \alpha_q}\right) \doteqdot x_q \cdot (1 - A_q \cdot e^{-\alpha_q t}) , \tag{63}$$

$$\frac{1}{x_q(p)} = \frac{1}{x_q} + \left(\frac{1}{x_q''} - \frac{1}{x_q}\right) \cdot \frac{p}{p + \beta_q} \doteqdot \frac{1}{x_q} + \left(\frac{1}{x_q''} - \frac{1}{x_q}\right) e^{-\beta_q t} , \tag{64}$$

$$x_q'' = x_q \cdot \sigma_q , \tag{65}$$

$$\alpha_q = \frac{1}{T_Q} , \tag{66}$$

$$\beta_q = \frac{1}{\sigma_q T_Q} , \tag{67}$$

$$A_q = 1 - \sigma_q . \tag{68}$$

x_q'' heißt die Stoßreaktanz der Querachse. Da hier nur eine Kurzschlußwicklung vorhanden ist, ist es nicht nötig, zwei verschiedene Werte zu unterscheiden. x_q'' entspricht aber eher x_d'' als x_d'.

Die Größen $G(p)$ haben den Charakter von Übersetzungsverhältnissen. $G_f(p)$ und $G_D(p)$ haben den gleichen Nenner wie $x_d(p)$. Wir können sie daher entsprechend den verschiedenen Formen von $x_d(p)$ schreiben:

$$G_f(p) = B_f \frac{p + \gamma_f}{(p + \alpha_{d1})(p + \alpha_{d2})} = B_{f1}\left(\frac{\alpha_{d1}}{p + \alpha_{d1}}\right) + B_{f2}\left(\frac{\alpha_{d2}}{p + \alpha_{d2}}\right)$$
$$\doteqdot B_{f1}(1 - e^{-\alpha_{d1} t}) + B_{f2}(1 - e^{-\alpha_{d2} t}) . \tag{69}$$

$$G_D(p) = B_D \frac{p + \gamma_D}{(p + \alpha_{d1})(p + \alpha_{d2})} = B_{D1}\left(\frac{\alpha_{d1}}{p + \alpha_{d1}}\right) + B_{D2}\left(\frac{\alpha_{d2}}{p + \alpha_{d2}}\right)$$
$$\doteqdot B_{D1}(1 - e^{-\alpha_{d1} t}) + B_{D2}(1 - e^{-\alpha_{d2} t}) . \tag{70}$$

Die zweite Form von $G_f(p)$ stammt von WARING und CRARY [18]. $G_D(p)$ und $G_Q(p)$ kommen in der amerikanischen Literatur nicht vor, da dort keine Anfangswerte berücksichtigt werden. Durch Vergleich mit (45) und (46) findet man leicht für die neu eingeführten Größen

$$B_f = \frac{\mu_D}{\sigma_{fD} \cdot T_f} , \tag{71}$$

$$\gamma_f = \frac{1}{\mu_D \cdot T_D} , \tag{72}$$

$$B_D = \frac{\mu_f}{\sigma_{fD} \cdot T_D} , \tag{73}$$

$$\gamma_D = \frac{1}{\mu_f \cdot T_f}, \tag{74}$$

$$B_f \cdot \gamma_f = B_D \cdot \gamma_D = \alpha_{d1} \cdot \alpha_{d2}. \tag{75}$$

Bringt man die zweite Form von $G_f(p)$ und $G_D(p)$ auf gleichen Nenner und vergleicht mit der ersten Form, so erhält man:

$$\left.\begin{aligned} B_{f1} \cdot \alpha_{d1} + B_{f2} \cdot \alpha_{d2} &= B_f, \\ B_{D1} \cdot \alpha_{d1} + B_{D2} \cdot \alpha_{d2} &= B_D, \\ B_{f_1} + B_{f2} = B_{D1} + B_{D2} &= 1 \end{aligned}\right\} \tag{76}$$

und daraus

$$\left.\begin{aligned} B_{f_1} &= \frac{\alpha_{d2} - B_f}{\alpha_{d2} - \alpha_{d1}}, & B_{f2} &= -\frac{\alpha_{d1} - B_f}{\alpha_{d2} - \alpha_{d1}}, \\ B_{D1} &= \frac{\alpha_{d2} - B_D}{\alpha_{d2} - \alpha_{d1}}, & B_{D2} &= \frac{B_D - \alpha_{d1}}{\alpha_{d2} - \alpha_{d1}}. \end{aligned}\right\} \tag{77}$$

B_f ist meist fast gleich α_{d1}, daher ist B_{f1} wenig größer als 1 und B_{f2} negativ und sehr klein.

Für $G_Q(p)$ kann man entsprechend schreiben:

$$G_Q(p) = \frac{\alpha_q}{p + \alpha_q} \div 1 - e^{-\alpha_q t}. \tag{78}$$

In der Gl. (36) für den Feldstrom kann man den obigen entsprechende Abkürzungen einführen und schreiben:

$$\tilde{i}_f - I_{f0} = (\tilde{i}_d - I_{d0})\, x_d (1 - \sigma_{df})\, p T_f\, G_f(p) + (\tilde{u}_f - I_{f0})\, F_f(p) - I_{D0}\, F_D(p). \tag{79}$$

mit

$$F_f(p) = C_{f1}\left(\frac{\alpha_{d1}}{p + \alpha_{d1}}\right) + C_{f2}\left(\frac{\alpha_{d2}}{p + \alpha_{d2}}\right) \div C_{f1}\,(1 - e^{-\alpha_{d1} t}) + C_{f2}\,(1 - e^{-\alpha_{d2} t}), \tag{80}$$

$$C_{f1} = \frac{\alpha_{d2} - 1/\sigma_{fD} T_f}{\alpha_{d2} - \alpha_{d1}}, \qquad C_{f2} = \frac{1/\sigma_{fD} T_f - \alpha_{d1}}{\alpha_{d2} - \alpha_{d1}}, \tag{81}$$

$$F_D(p) = \frac{\left(\frac{1 - \mu_f}{\sigma_{fD} T_D}\right)}{\alpha_{d2} - \alpha_{d1}} \left(\frac{p}{p + \alpha_{d1}} - \frac{p}{p + \alpha_{d2}}\right) \div \frac{\left(\frac{1 - \mu_f}{\sigma_{fD} T_D}\right)}{\alpha_{d2} - \alpha_{d1}} (e^{-\alpha_{d1} t} - e^{-\alpha_{d2} t}). \tag{82}$$

5.6. Der dreisträngige Kurzschluß, ausgehend vom Leerlauf bei vernachlässigbarem Statorwiderstand. Wir behandeln hier den einfachsten Fall der Kurzschlußvorgänge hauptsächlich zur weiteren Erläuterung einiger im letzten Abschnitt eingeführter Größen. Während des Kurzschlusses sei die Erregerspannung und die Drehzahl konstant; also

$$n = 1 \quad \text{und} \quad u_f = I_{f0}. \tag{83}$$

Vor dem Kurzschluß sei die Maschine im Leerlauf, also

$$I_{d0} = I_{q0} = I_{D0} = I_{Q0} = 0\,, \tag{84}$$

$$\left.\begin{aligned} U_{d0} &= \Psi_{q0} = 0\,,\\ U_{q0} &= -\Psi_{d0} = I_{f0}\,. \end{aligned}\right\} \tag{85}$$

Um die Rechnung möglichst übersichtlich zu machen, vernachlässigen wir den Statorwiderstand vorläufig. Damit werden die Gleichungen für den Kurzschluß:

$$\left.\begin{aligned} \tilde{u}_d &= 0 = -\,p\,(\tilde{\psi}_d + I_{f0}) + \tilde{\psi}_q\,,\\ \tilde{u}_q &= 0 = -\,p\,\tilde{\psi}_q - \tilde{\psi}_d\,. \end{aligned}\right\} \tag{86}$$

Sie lassen sich sofort nach $\tilde{\psi}_d$ und $\tilde{\psi}_q$ auflösen:

$$\tilde{\psi}_d = -\frac{p^2}{p^2+1}\cdot I_{f0}\,, \qquad \tilde{\psi}_q = \frac{p}{p^2+1}\cdot I_{f0}\,. \tag{87}$$

Aus der Transformationstabelle (Anhang II, Tab. 1) findet man sofort die zugehörigen Originalfunktionen

$$\psi_d = -\,I_{f0}\cdot\cos(t)\,, \qquad \psi_q = I_{f0}\cdot\sin(t)\,. \tag{88}$$

Beide Flüsse schwingen also mit 90° Phasenverschiebung und mit der gleichen Amplitude I_{f0}. Falls man den Statorwiderstand berücksichtigt hätte, wären diese Schwingungen gedämpft. Setzen wir die erste Gl. (87) in (41) ein, so ergibt sich wegen (83) und (84)

$$\tilde{\psi}_d - \Psi_{d0} = \tilde{\psi}_d + I_{f0} = \frac{I_{f0}}{p^2+1} = \tilde{i}_d\, x_d(p)$$

oder

$$\tilde{i}_d = I_{f0}\,\frac{1}{(p^2+1)\,x_d(p)}\,. \tag{89}$$

Schreiben wir diese Gl. in der Form

$$\tilde{i}_d = I_{f0}\cdot\frac{1}{p}\cdot\frac{p}{p^2+1}\cdot\frac{1}{x_d(p)}\,,$$

so können wir darauf sofort den Faltungssatz (Anhang II, 15) anwenden, denn zu p/p^2+1 und $1/x_d(p)$ kennen wir die Originalfunktionen [(Anhang II, Tab. 1) und Gl. (62)]:

$$\begin{aligned} \underline{i_d} &= I_{f0}\cdot\sin(t)_*\left[\frac{1}{x_d} + \left(\frac{1}{x_d'} - \frac{1}{x_d}\right)e^{-\beta_{d1}t} + \left(\frac{1}{x_d''} - \frac{1}{x_d'}\right)e^{-\beta_{d2}t}\right]\\ &= I_{f0}\cdot\int_0^t \sin(t-\tau)\cdot\left[\frac{1}{x_d} + \left(\frac{1}{x_d'} - \frac{1}{x_d}\right)e^{-\beta_{d1}\tau} + \left(\frac{1}{x_d''} - \frac{1}{x_d'}\right)e^{-\beta_{d2}\tau}\right]\cdot d\tau\\ &= I_{f0}\cdot\left\{\frac{1}{x_d}\,[1-\cos(t)] + \left(\frac{1}{x_d'} - \frac{1}{x_d}\right)\frac{1}{1+\beta^2_{d1}}\,[e^{-\beta_{d1}t} - \cos(t) + \beta_{d1}\sin(t)] +\right.\\ &\qquad\left. + \left(\frac{1}{x_d''} - \frac{1}{x_d'}\right)\frac{1}{1+\beta^2_{d2}}\,[e^{-\beta_{d2}t} - \cos(t) + \beta_{d2}\sin(t)]\right\}. \end{aligned} \tag{90}$$

Für größere Maschinen sind β_{d1} und β_{d2} so klein, daß sie gegen 1 vernachlässigt werden dürfen. Dann können wir statt (90) schreiben:

$$i_d \approx I_{f0} \cdot \left[\frac{1}{x_d} + \left(\frac{1}{x_d'} - \frac{1}{x_d}\right) e^{-\beta_{d1} t} + \left(\frac{1}{x_d''} - \frac{1}{x_d'}\right) e^{-\beta_{d2} t} - \frac{1}{x_d''} \cos(t)\right]. \quad (91)$$

Ganz entsprechend finden wir aus Gl. (42)

$$\tilde{\psi}_q = I_{f0} \cdot \frac{p}{p^2+1} = \tilde{i}_q \cdot x_q(p),$$

$$\tilde{i}_q = I_{f0} \cdot \frac{p}{p^2+1} \cdot \frac{1}{x_q(p)} \quad (92)$$

und daher:

$$\underline{i_q} = I_{f0} \cdot \cos(t)_* \left[\frac{1}{x_q} - \left(\frac{1}{x_q''} - \frac{1}{x_q}\right) e^{-\beta_q t}\right],$$

$$= I_{f0} \cdot \int_0^t \cos(t-\tau) \cdot \left[\frac{1}{x_q} + \left(\frac{1}{x_q''} - \frac{1}{x_q}\right) e^{-\beta_q \tau}\right] \cdot d\tau, \quad (93)$$

$$= I_{f0} \cdot \left\{\frac{1}{x_q} \sin(t) + \left(\frac{1}{x_q''} - \frac{1}{x_q}\right) \frac{1}{1+\beta_q^2} \left[\sin(t) + \beta_q \cos(t) - \beta_q e^{-\beta_q t}\right]\right\}$$

oder wenn β_q gegen 1 vernachlässigbar ist

$$i_q \approx I_{f0} \cdot \frac{1}{x_q''} \cdot \sin(t). \quad (94)$$

Mit den beiden Gl. (91) und (94) findet man schließlich aus der ersten Gl. (4, 11) den Statorstrom

$$\underline{i_a} = i_d \cdot \cos(t + \vartheta_0) - i_q \cdot \sin(t + \vartheta_0),$$

$$= I_{f0} \cdot \left\{\left[\frac{1}{x_d} + \left(\frac{1}{x_d'} - \frac{1}{x_d}\right) e^{-\beta_{d1} t} + \left(\frac{1}{x_d''} - \frac{1}{x_d'}\right) e^{-\beta_{d2} t}\right] \cdot \cos(t + \vartheta_0) - \right.$$

$$\left. - \frac{1}{x_d''} \cdot \cos(t) \cdot \cos(t + \vartheta_0) - \frac{1}{x_q''} \cdot \sin(t) \cdot \sin(t + \vartheta_0)\right\} \quad (95)$$

$$= I_{f0} \cdot \left\{\left[\frac{1}{x_d} + \left(\frac{1}{x_d'} - \frac{1}{x_d}\right) e^{-\beta_{d1} t} + \left(\frac{1}{x_d''} - \frac{1}{x_d'}\right) e^{-\beta_{d2} t}\right] \cdot \cos(t + \vartheta_0) - \right.$$

$$\left. - \frac{1}{2}\left(\frac{1}{x_d''} + \frac{1}{x_q''}\right) \cdot \cos\vartheta_0 - \frac{1}{2}\left(\frac{1}{x_d''} - \frac{1}{x_q''}\right) \cdot \cos(2t + \vartheta_0)\right\}.$$

Die ersten drei Glieder stellen einen Wechselstrom dar, dessen Frequenz der Drehzahl des Generators entspricht und dessen Amplitude vom Anfangswert I_{f0}/x_d'' auf den Endwert I_{f0}/x_d abnimmt. Die Abnahme von I_{f0}/x_d'' auf I_{f0}/x_d' erfolgt sehr rasch mit der kleinen Zeitkonstanten $T_d'' = 1/\beta_{d2}$; die Abnahme von I_{f0}/x_d' auf I_{f0}/x_d erfolgt langsamer mit der Zeitkonstanten $T_d' = 1/\beta_{d1}$. Den rasch verschwindenden Anteil $I_{f0}\left(\frac{1}{x_d''} - \frac{1}{x_d'}\right) e^{-\beta_{d2} t}$ nennt man den flüchtigen Anteil des Stoßkurzschlußstromes (subtransient component of short-circuit current); die entsprechende Zeitkonstante

$$T_d'' = \frac{1}{\beta_{d2}} \tag{96}$$

heißt die flüchtige Stoßkurzschluß-Zeitkonstante der Längsachse (direct-axis subtransient short-circuit time constant). Den langsamer abklingenden Anteil nennt man einfach den Stoßkurzschlußstrom (transient component of sh.-c. c.) und die zugehörige Zeitkonstante

$$T_d' = \frac{1}{\beta_{d1}} \tag{97}$$

die Stoßkurzschluß-Zeitkonstante (direct-axis transient short-c. time constant). Den Rest des Stromes I_{f0}/x_d nennt man den Dauerkurzschlußstrom (sustained sh.-c. c.).

Abb. 15. Polrad eines Wasserkraftgenerators für 18 MVA, 500 U/min, mit Polgittern.

Das auf den Wechselstromanteil folgende Glied in Gl. (95)

$$\frac{I_{f0}}{2}\left(\frac{1}{x_d''} + \frac{1}{x_q''}\right) \cdot \cos \vartheta_0$$

ist ein Gleichstrom, dessen Größe vom Schaltmoment (ϑ_0) abhängt. Es heißt das Gleichstromglied oder auch asymmetrische Glied des Kurzschlußstroms. In Wirklichkeit bleibt es nicht konstant, wie es nach Gl. (95) scheint, sondern klingt exponentiell ab mit einer Zeitkonstante T_a, die vom hier vernachlässigten Ankerwiderstand abhängt. Setzt man den Ankerwiderstand r nicht Null, aber immer noch klein gegenüber x_d'' und x_q'' an, so findet man

$$T_a = \frac{2 x_d'' x_q''}{r \cdot (x_d'' + x_q'')} \,. \tag{98}$$

Das letzte Glied von (95) ist ein Wechselstrom doppelter Frequenz. Seine Amplitude bleibt ebenfalls nicht konstant, sondern klingt mit der gleichen Zeitkonstante T_a wie das Gleichstromglied ab. Für Maschinen mit guter Dämpferwicklung ist $x_d'' \approx x_q''$ und daher dieses Glied klein. Hingegen kann es für Maschinen ohne Dämpferwicklung oder nur mit Polgittern (d. h. ohne Verbindungen von Pol zu Pol) (Abb. 15) einen wichtigen Beitrag geben.

Die Größe des Gleichstromgliedes ist, wie schon erwähnt, vom Schaltmoment abhängig. Je nach diesem hat der betrachtete Statorstrang im

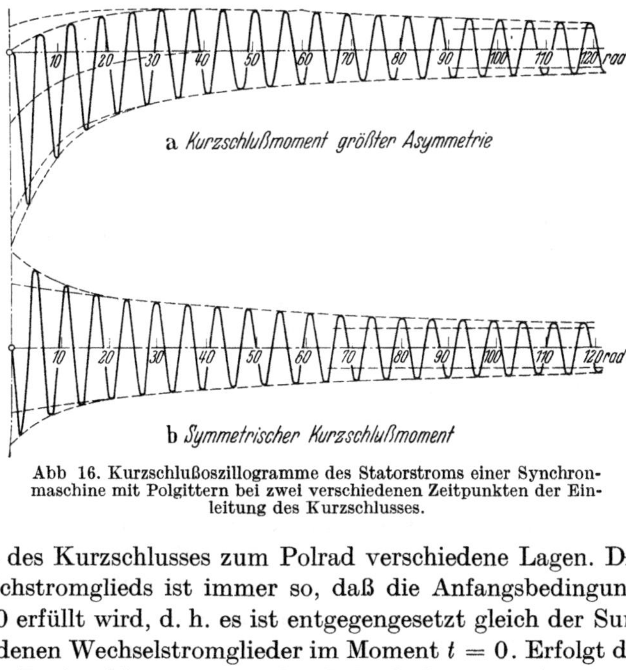

Abb 16. Kurzschlußoszillogramme des Statorstroms einer Synchronmaschine mit Polgittern bei zwei verschiedenen Zeitpunkten der Einleitung des Kurzschlusses.

Moment des Kurzschlusses zum Polrad verschiedene Lagen. Die Größe des Gleichstromglieds ist immer so, daß die Anfangsbedingung $i_a = 0$ für $t = 0$ erfüllt wird, d. h. es ist entgegengesetzt gleich der Summe der verschiedenen Wechselstromglieder im Moment $t = 0$. Erfolgt der Kurzschluß z. B. im Moment, wo die Polradachse mit der Strangachse zusammenfällt ($\vartheta_0 = 0$), so würden alle Wechselstromanteile mit ihren Maximalwerten anfangen. Daher hat in diesem Fall auch das Gleichstromglied seinen größtmöglichen Wert $\frac{I_{f0}}{2}(1/x_d'' + 1/x_q'')$. Die Gleichung für den gesamten Kurzschlußstrom lautet:

$$i_a = I_{f0} \cdot \left[\frac{1}{x_d} + \left(\frac{1}{x_d'} - \frac{1}{x_d}\right) e^{-t/T_d'} + \left(\frac{1}{x_d''} - \frac{1}{x_d'}\right) e^{-t/T_d''}\right] \cdot \cos(t) - \\ - \frac{I_{f0}}{2}\left(\frac{1}{x_d''} + \frac{1}{x_q''}\right) e^{-t/T_a} - \frac{I_{f0}}{2}\left(\frac{1}{x_d''} - \frac{1}{x_q''}\right) e^{-t/T_a} \cdot \cos(2t) \,. \quad (99)$$

Abb. 16a zeigt das diesem Schaltmoment entsprechende Oszillogramm für eine Maschine mit Polgittern. Der Kurzschlußstrom verläuft anfänglich ganz einseitig. Erst nach dem Abklingen des Gleichstromglieds wird er symmetrisch. Außerdem sind anfänglich die Ausschläge nach oben abgestumpft, nach unten dafür spitz, da sich das Glied zweifacher Frequenz oben subtrahiert, unten dagegen addiert.

Den andern Grenzfall erhalten wir, wenn im Kurzschlußmoment die Polradachse senkrecht zur Strangachse steht ($\vartheta_0 = \pi/2$). Dann beginnen die Wechselstromglieder selbst schon mit dem Wert Null; es tritt überhaupt kein Gleichstromglied auf. Die Gleichung für den Strom lautet

$$\begin{aligned} i_a = I_{f0} \cdot \left[\frac{1}{x_d} + \left(\frac{1}{x_d'} - \frac{1}{x_d}\right) e^{-t/T_d'} + \left(\frac{1}{x_d''} - \frac{1}{x_d'}\right) e^{-t/T_d''}\right] \cdot \sin(t) - \\ - \frac{I_{f0}}{2}\left(\frac{1}{x_d''} - \frac{1}{x_q''}\right) e^{-t/T_a} \cdot \sin(2t) . \end{aligned} \tag{100}$$

Das entsprechende Oszillogramm für die gleiche Maschine zeigt Abb. 16b. Der Strom verläuft von Anfang an symmetrisch. Das Glied doppelter Frequenz tritt kaum in Erscheinung, da es seine Maxima zwischen den Maxima- und den Nulldurchgängen des Hauptanteils hat. Für die Auswertung zur experimentellen Bestimmung der Konstanten x_d', x_d'', T_d' und T_d'' eignen sich Oszillogramme der zweiten Art viel besser als die stark asymmetrischen. Nimmt man bei einer Drehstrommaschine alle drei Strangströme auf, so ist unabhängig vom Schaltmoment immer wenigstens einer annähernd symmetrisch. Auf diese Weise erhält man daher stets ein brauchbares Resultat, ohne auf den Schaltmoment speziell zu achten.

5.7. Die Schreibweise der Grundgleichungen in der amerikanischen Literatur. Teilweise mit Rücksicht auf normale europäische Bezeichnungen, teilweise durch die Verwendung der modifizierten Laplace-Transformation bedingt, weicht die Schreibweise unserer Gleichungen etwas von derjenigen der amerikanischen Literatur ab. Um deren Benutzung zu erleichtern, wollen wir hier die beiden Schreibweisen einander gegenüberstellen und die wichtigsten Unterschiede besprechen. Mit ganz geringfügigen Ausnahmen wird in der modernen amerikanischen Literatur die von Park [16] eingeführte Schreibweise benutzt. Wir wollen daher unsere Grundgleichungen (28), (29), (41), (42) den entsprechenden bei Park gegenüberstellen. Wir numerieren Parks Gleichungen mit den Nummern, die sie in seiner Arbeit (S. 718) haben.

Unsere Gleichungen:

$$\left.\begin{aligned} \tilde{u}_d &= -\tilde{i}_d \cdot r - p(\tilde{\psi}_d - \Psi_{d0}) + n \cdot \tilde{\psi}_q , \\ \tilde{u}_q &= -\tilde{i}_q \cdot r - p(\tilde{\psi}_q - \Psi_{q0}) - n \cdot \tilde{\psi}_d , \end{aligned}\right\} \tag{28}$$

$$\tilde{u}_0 = -\tilde{i}_0 \cdot r - p(\tilde{\psi}_0 - \Psi_{00}) , \tag{29}$$

$$\tilde{\psi}_d - \Psi_{d0} = (\tilde{i}_d - I_{d0}) \cdot x_d(p) - (\tilde{u}_f - I_{f0}) \cdot G_f(p) - I_{D0} \cdot G_D(p)\,, \tag{41}$$

$$\tilde{\psi}_q - \Psi_{q0} = (\tilde{i}_q - I_{q0}) \cdot x_q(p) - I_{Q0} \cdot G_Q(p)\,, \tag{42}$$

$$\tilde{\psi}_o - \Psi_{o0} = (\tilde{i}_o - I_{o0}) \cdot x_o\,.$$

PARKsche Gleichungen:

$$\left.\begin{array}{lr} e_d = p\,\psi_d - r \cdot i_d - \psi_q \cdot p\,\vartheta\,, & [(8)] \\ e_q = p\,\psi_q - r \cdot i_q + \psi_d \cdot p\,\vartheta\,, & [(9)] \\ e_o = p\,\psi_o - r \cdot i_o\,, & [(10)] \\ \psi_d = G(p) \cdot E - x_d(p) \cdot i_d\,, & [(11)] \\ \psi_q = \qquad\qquad - x_q(p) \cdot i_q\,, & [(12)] \\ \psi_o = \qquad\qquad - x_o \cdot i_o\,. & [(13)] \end{array}\right\} \text{Nummern bei PARK}$$

Die Abweichungen zerfallen in drei Klassen:

1. Andere Bezeichnungen: In der amerikanischen Literatur ist allgemein für Spannungen der Buchstabe e üblich, während wir im Einklang mit den wichtigsten europäischen Normen u gewählt haben. Größen, die sich auf den Rotor beziehen, bezeichnen die Amerikaner mit großen Buchstaben, auch wo es sich um Momentanwerte handelt. Da hier große Buchstaben im allgemeinen für Konstanten, Effektivwerte von Wechselgrößen usw. reserviert sind, haben wir die im Feldkreis wirkende Spannung mit u_f statt mit E bezeichnet.

2. Anderer Bezugssinn: Die Flußverkettungen haben bei uns üblicherweise den gleichen Bezugssinn wie der in der Wicklung fließende Strom (wobei die Wicklung rechtsgängig gewickelt angenommen wird), in der amerikanischen Literatur über die Synchronmaschinen hingegen den entgegengesetzten.

3. HEAVISIDEsche Operatoren statt LAPLACE-Transformation: Entsprechend der alten Auffassung der Operatorenrechnung stehen überall in den Operatorengleichungen die Größen selbst, statt ihrer Bildfunktionen. Alle Anfangswerte werden als Null vorausgesetzt, und die darauf bezüglichen Glieder unserer Gleichungen fehlen daher bei den Amerikanern. Da nur das einzige G (p) in der Gl. [(11)] auftritt, braucht es keinen Index. Bis hierher sind die Unterschiede mehr äußerlicher Natur. Die schwerwiegendste Abweichung stellen die letzten Glieder der Gl. [(8)] und [(9)] dar. Sie sind überhaupt falsch. Sie stellen geradezu ein Schulbeispiel dafür dar, wie die HEAVISIDEsche Auffassung, daß p einfach eine Abkürzung für d/dt sei, nicht nur zu unvollständigen, sondern sogar zu völlig falschen Resultaten führen kann. Aus dieser Auffassung heraus hat PARK die Geschwindigkeit, die wir n genannt haben und die natürlich im allgemeinen Fall $d\vartheta/dt$ ist, einfach $p\vartheta$

geschrieben und glaubt offenbar, daß in dieser Form die Gl. [(8)] und [(9)] für beliebige auch veränderliche Geschwindigkeit gelten. Auf der folgenden Seite beschränkt er sich dann ausdrücklich auf konstante Geschwindigkeit, für die er 1 — s schreibt. Die Herleitung mit der LAPLACE-Transformation zeigt hingegen, daß die Gleichungen im Bildbereich überhaupt nur für konstante Geschwindigkeit gelten und daß die Variable p in diesen Gliedern nichts zu suchen hat. Formal könnte man, wenigstens unter gewissen Voraussetzungen über die Zeitfunktionen ψ_d, ψ_q und n, ohne weiteres die korrekten Gleichungen im Bildbereich für zeitlich veränderliches n anschreiben. Die beiden Glieder $n \cdot \tilde{\psi}_q$ und $-n \cdot \tilde{\psi}_d$ werden dann durch je ein komplexes Integral in der p-Ebene ersetzt (Anhang II, 16). Da sich praktisch damit aber nicht viel anfangen läßt, haben wir darauf verzichtet. Tatsächlich hat die falsche Schreibweise der Gleichungen von PARK keinen großen Schaden angerichtet, da in den Anwendungen immer entweder konstante Geschwindigkeit vorausgesetzt oder dann auf die ursprünglichen Differentialgleichungen zurückgegriffen wurde. Es ist aber zumindest ein Schönheitsfehler, daß diese falsche Schreibweise in den amerikanischen Veröffentlichungen immer wieder erscheint.

Zweiter Teil.

Anwendung der Theorie auf besondere Fälle.

6. Die Synchronmaschine im asynchronen Betrieb.

6.1. Asynchroner Lauf an symmetrischer Spannung mit konstantem Schlupf bei unerregtem Rotor. Wir wenden uns als erste Anwendung der Behandlung eines stationären Zustandes zu, bei dem die Maschine aber nicht mit der der Netzfrequenz entsprechenden synchronen Drehzahl, sondern einer davon abweichenden läuft. Wir schreiben den bezogenen Wert dieser Geschwindigkeit

$$n = 1 - s \tag{1}$$

und nennen s, wie beim Asynchronmotor üblich, den Schlupf. Die Maschine laufe an einem Netz mit einer symmetrischen Dreiphasenspannung:

$$\left.\begin{aligned} u_a &= u \cdot \cos(t)\,, \\ u_b &= u \cdot \cos(t - 2\pi/3)\,, \\ u_c &= u \cdot \cos(t - 4\pi/3)\,. \end{aligned}\right\} \tag{2}$$

Da jetzt

$$\vartheta = (1 - s) \cdot t + \vartheta_0 \tag{3}$$

erhält man

$$\left.\begin{aligned} u_d &= u \cdot \cos(t - \vartheta) = u \cdot \cos(s \cdot t - \vartheta_0)\,, \\ u_q &= u \cdot \sin(t - \vartheta) = u \cdot \sin(s \cdot t - \vartheta_0)\,, \\ u_0 &= 0\,. \end{aligned}\right\} \tag{4}$$

Da wir uns in diesem Kapitel nicht für den Ausgleichvorgang beim Einschalten der Maschine interessieren, sondern nur für das stationäre Verhalten, können wir direkt aus den Gleichungen im Bildbereich auf die komplexe Form der Wechselgrößen übergehen, indem wir überall p durch j · s ersetzen und die Beiträge der Anfangswerte weglassen (Anhang II, 32). Der reelle Teil der so erhaltenen komplexen Größen stellt die wirklichen Momentanwerte der betreffenden Größen dar. Wir schreiben daher die ersten beiden Gl. (4) noch einmal in der Form:

$$\left.\begin{aligned} u_d &= \mathrm{Re}(\bar{u}_d) = \mathrm{Re}(u \cdot e^{j(st - \vartheta_0)}) &&= \mathrm{Re}(\bar{u})\,, \\ u_q &= \mathrm{Re}(\bar{u}_q) = \mathrm{Re}(-j \cdot u \cdot e^{j(st - \vartheta_0)}) &&= \mathrm{Re}(-j \cdot \bar{u})\,. \end{aligned}\right\} \tag{5}$$

Die Gl. (5, 28) und (5, 41/42) gehen dann über in

$$\left.\begin{aligned} \bar{u}_d &= \qquad \bar{u} = -\bar{i}_d \cdot r - j \cdot s \cdot \bar{\psi}_d + (1-s) \cdot \bar{\psi}_q\,, \\ \bar{u}_q &= -j \cdot \bar{u} = -\bar{i}_q \cdot r - j \cdot s \cdot \bar{\psi}_q - (1-s) \cdot \bar{\psi}_d\,. \end{aligned}\right\} \quad (6)$$

$$\left.\begin{aligned} \bar{\psi}_d &= \bar{i}_d \cdot x_d(j \cdot s)\,, \\ \bar{\psi}_q &= \bar{i}_q \cdot x_q(j \cdot s)\,. \end{aligned}\right\} \quad (7)$$

Setzt man die Gl.(7) in (6) ein und löst nach $\bar{i}_d$ und $\bar{i}_q$ auf, so erhält man:

$$\left.\begin{aligned} \bar{i}_d &= \bar{u} \cdot \frac{-r + j \cdot (1-2s) \cdot x_q(j \cdot s)}{\Delta(s)}\,, \\ \bar{i}_q &= \bar{u} \cdot \frac{j \cdot r + (1-2s) \cdot x_d(j \cdot s)}{\Delta(s)}\,. \end{aligned}\right\} \quad (8)$$

Darin ist zur Abkürzung

$$\Delta(s) = \begin{vmatrix} r + j \cdot s \cdot x_d(js) & -(1-s) \cdot x_q(js) \\ (1-s) \cdot x_d(js) & r + j \cdot s \cdot x_q(js) \end{vmatrix} =$$

$$= r^2 + j \cdot s \cdot r \cdot [x_d(js) + x_q(js)] + (1-2s) \cdot x_d(js) \cdot x_q(js) \quad (9)$$

gesetzt worden. Mit den Gl. (8) erhält man aus (7)

$$\left.\begin{aligned} \bar{\psi}_d &= \bar{u} \cdot \frac{-r \cdot x_d(js) + j \cdot (1-2s) \cdot x_d(js) \cdot x_q(js)}{\Delta(s)}\,, \\ \bar{\psi}_q &= \bar{u} \cdot \frac{j \cdot r \cdot x_q(js) + (1-2s) \cdot x_d(js) \cdot x_q(js)}{\Delta(s)}\,. \end{aligned}\right\} \quad (10)$$

Damit findet man den Momentanwert des Drehmoments, indem man in

$$m = \psi_q \cdot i_d - \psi_d \cdot i_q$$

einsetzt. Praktisch noch wichtiger ist der zeitlich konstante Mittelwert

$$m_m = 1/2\pi \cdot \int_0^{2\pi} m \cdot d(st) = \frac{1}{2} \cdot \operatorname{Re}(\bar{\psi}_q^* \cdot \bar{i}_d - \bar{\psi}_d^* \cdot \bar{i}_q)\,. \quad (11)$$

Darin bedeuten $\bar{\psi}_d^*$ und $\bar{\psi}_q^*$ die konjugiert-komplexen Werte von $\bar{\psi}_d$ und $\bar{\psi}_q$. Setzt man (8) und (10) in (11) ein, so erhält man

$$m_m = \frac{|u^2|}{2\,|\Delta(s)|^2} \cdot \{ r^2 \cdot \operatorname{Im}[x_d(js) + x_q(js)] + r \cdot (1-2s) \cdot [\,|x_d(js)|^2 +$$
$$+ |x_q(js)|^2] - 2 \cdot \operatorname{Re}[x_d(js) \cdot x_q(js)] + (1-2s)^2 \cdot [\,|x_d(js)|^2 \cdot \operatorname{Im}[x_q(js)] +$$
$$+ |x_q(js)|^2 \cdot \operatorname{Im}[x_d(js)]]\}\,. \quad (12)$$

Dieser Ausdruck ist etwas unübersichtlich. Bei großen Maschinen kann der Statorwiderstand vernachlässigt werden. Bei kleinen ist hingegen der dadurch entstehende Fehler beträchtlich. Abb. 17 zeigt für einen Generator von 110 kVA ($r = 0{,}025$) m_m nach der genauen Formel (12) (Kurve a) und bei vernachlässigtem Statorwiderstand (Kurve b). Die Kurven Abb. 17 sind unter der Annahme berechnet, daß die Feldwicklung über einen äußeren Widerstand vom 9fachen Wert des inneren Widerstands kurzgeschlossen sei. Ein solcher Widerstand ist für den asynchronen Anlauf einer Synchronmaschine meistens nötig; bei offener Feldwicklung würde in ihr eine gefährlich hohe Spannung induziert, bei direktem Kurzschluß würde der Drehmomentverlauf ungünstig beeinflußt.

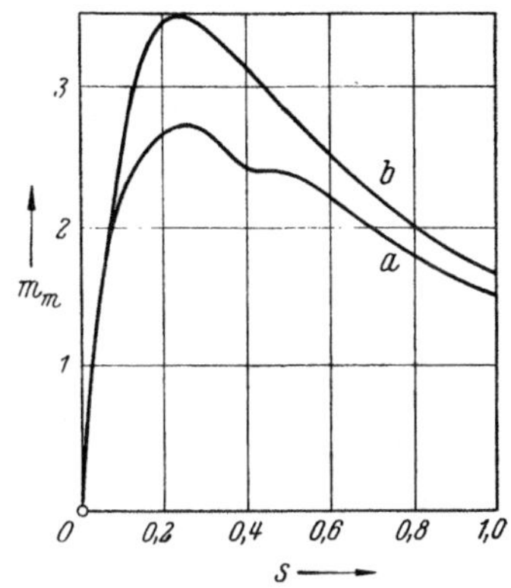

Abb. 17. Anlaufdrehmoment einer Synchronmaschine mit Dämpferwicklung, mit (a) und ohne (b) Berücksichtigung des Statorwiderstandes. (Nenndaten der Maschine: 110 kVA, 1500 U/min.)

Um einen besseren Überblick zu gewinnen, wollen wir jetzt aber doch den asynchronen Lauf bei Vernachlässigung des Statorwiderstandes weiter verfolgen. Setzen wir also in Gl. (8), (10) und (12) $r = 0$, so finden wir:

$$\bar{i}_d = \frac{j \cdot \bar{u}}{x_d\,(j \cdot s)}\,, \qquad \bar{i}_q = \frac{\bar{u}}{x_q\,(j \cdot s)}\,, \tag{13}$$

$$\bar{\psi}_d = j \cdot \bar{u}\,, \qquad \bar{\psi}_q = \bar{u}\,, \tag{14}$$

$$m_m = -\frac{1}{2}\,u^2 \cdot \mathrm{Im}\left(\frac{1}{x_d\,(j \cdot s)} + \frac{1}{x_q\,(j \cdot s)}\right). \tag{15}$$

Setzen wir $1/x_d\,(js)$ nach (5, 58) und $1/x_q\,(js)$ nach (5, 64) ein, so wird

$$m_m = -\frac{1}{2}\,u^2 \cdot \left\{\left(\frac{1}{x_d'} - \frac{1}{x_d}\right)\frac{s\,\beta_{d1}}{s^2 + \beta_{d1}^2} + \left(\frac{1}{x_d''} - \frac{1}{x_d'}\right)\frac{s\,\beta_{d2}}{s^2 + \beta_{d2}^2} + \right.$$
$$\left. + \left(\frac{1}{x_q''} - \frac{1}{x_q}\right)\frac{s\,\beta_q}{s^2 + \beta_q^2}\right\}. \tag{16}$$

Die Glieder innerhalb der Klammer sind alle positiv für positive Werte von s, also untersynchrone Drehzahlen, und negativ für übersynchrone Drehzahlen. Das Drehmoment ist also motorisch (bei unserem Zählsinn negativ) für untersynchrone und generatorisch für übersynchrone Drehzahlen. Die Maschine verhält sich ganz ähnlich wie ein gewöhnlicher

Asynchronmotor. Das erste Glied in der Klammer stellt in der Hauptsache den Beitrag der Feldwicklung, die beiden andern den Beitrag der Dämpferwicklung dar. Abb. 18 zeigt die beiden Teile und die Summe des mittleren Drehmoments für einen großen Wasserkraftgenerator mit vollständiger Dämpferwicklung (Abb. 9). Abb. 18 gilt im Gegensatz zu Abb. 17 für direkt kurzgeschlossene Feldwicklung, d. h. unter den Bedingungen, wie sie bestehen, wenn der Generator infolge einer Störung vorübergehend außer Tritt fällt. Man erkennt, daß der Beitrag der Feldwicklung bei sehr kleinem Schlupf ein scharfes Maximum hat und dann rasch auf kleine Werte fällt. Schon bei einem Schlupf von wenigen $^0/_0$ ist im wesentlichen nur noch der Beitrag der Dämpferwicklung vorhanden. Man erkennt daraus deren Wichtigkeit für die Stabilität bei vorübergehenden Störungen.

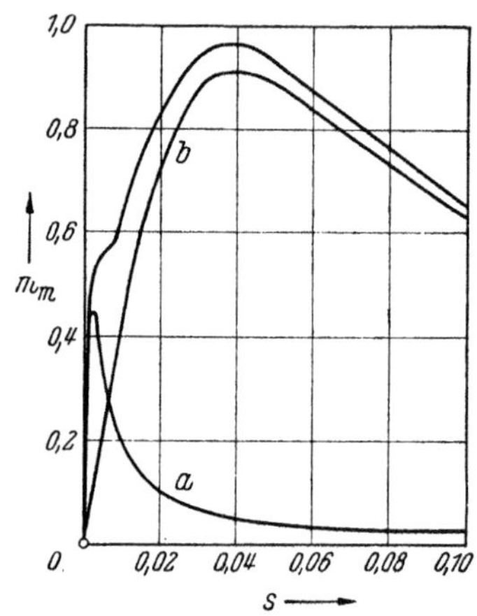

Abb. 18. Asynchrones Drehmoment, zerlegt in Anteil der Feldwicklung (a) und Anteil der Dämpferwicklung (b). (40 MVA Generator, s. Abb. 9.)

Mit Hilfe von (13) und (14) können wir auch die reellen Momentanwerte der Ströme und Flußverkettungen und daraus auch den Momentanwert des Drehmoments bestimmen.

Wir finden:

$$\left.\begin{aligned} i_d &= -\operatorname{Re}\left(\frac{1}{x_d(js)}\right)\cdot u\cdot\sin(st-\vartheta_0) - \operatorname{Im}\left(\frac{1}{x_d(js)}\right)\cdot u\cdot\cos(st-\vartheta_0),\\ i_q &= \operatorname{Re}\left(\frac{1}{x_q(js)}\right)\cdot u\cdot\cos(st-\vartheta_0) - \operatorname{Im}\left(\frac{1}{x_q(js)}\right)\cdot u\cdot\sin(st-\vartheta_0). \end{aligned}\right\} \quad (17)$$

$$\left.\begin{aligned} \psi_d &= -u\cdot\sin(st-\vartheta_0),\\ \psi_q &= u\cdot\cos(st-\vartheta_0). \end{aligned}\right\} \quad (18)$$

$$m = \psi_q\cdot i_d - \psi_d\cdot i_q = -u^2\cdot\left[\operatorname{Re}\left(\frac{1}{x_d(js)} - \frac{1}{x_q(js)}\right)\cdot\sin(st-\vartheta_0)\cdot\cos(st-\vartheta_0) + \right.$$
$$\left. + \operatorname{Im}\left(\frac{1}{x_d(js)}\right)\cdot\cos^2(st-\vartheta_0) + \operatorname{Im}\left(\frac{1}{x_q(js)}\right)\cdot\sin^2(st-\vartheta_0)\right].$$

Mit den bekannten trigonometrischen Formeln

$$\sin\alpha\cdot\cos\alpha = \frac{1}{2}\sin 2\alpha,\quad \sin^2\alpha = \frac{1}{2}(1-\cos 2\alpha),\ \cos^2\alpha = \frac{1}{2}(1+\cos 2\alpha)$$

können wir diesen Ausdruck für m umformen in:

$$\underline{\mathrm{m}} = -\frac{1}{2}\,u^2 \cdot \left[\mathrm{Im}\left(\frac{1}{\mathrm{x_d}(\mathrm{j\,s})} + \frac{1}{\mathrm{x_q}(\mathrm{j\,s})}\right) + \mathrm{Re}\left(\frac{1}{\mathrm{x_d}(\mathrm{j\,s})} - \frac{1}{\mathrm{x_q}(\mathrm{j\,s})}\right)\cdot \sin(2\,\mathrm{s}t - 2\,\vartheta_0) + \right.$$

$$\left. + \mathrm{Im}\left(\frac{1}{\mathrm{x_d}(\mathrm{j\,s})} - \frac{1}{\mathrm{x_q}(\mathrm{j\,s})}\right)\cdot \cos(2\,\mathrm{s}\,t - 2\,\vartheta_0)\right]$$

$$= -\frac{1}{2}\,u^2 \cdot \left[\mathrm{Im}\left(\frac{1}{\mathrm{x_d}(\mathrm{j\,s})} + \frac{1}{\mathrm{x_q}(\mathrm{j\,s})}\right) + \left|\frac{1}{\mathrm{x_d}(\mathrm{j\,s})} - \frac{1}{\mathrm{x_q}(\mathrm{j\,s})}\right| \cdot \sin[2\,\mathrm{s}\,t - 2\,\vartheta_0 + \chi(\mathrm{s})]\right] \tag{19}$$

Darin wurde $\frac{1}{\mathrm{x_d}(\mathrm{j\,s})} - \frac{1}{\mathrm{x_q}(\mathrm{j\,s})} = \left|\frac{1}{\mathrm{x_d}(\mathrm{j\,s})} - \frac{1}{\mathrm{x_q}(\mathrm{j\,s})}\right| \cdot e^{j\chi(s)}$ gesetzt. Man erkennt: das momentane asynchrone Moment besteht aus einem konstanten Anteil gleich dem Mittelwert $\mathrm{m_m}$ nach Gl. (16) und einem mit der doppelten Schlupffrequenz schwingenden Anteil von der Amplitude

$$\mathrm{m_p} = \frac{1}{2}\,u^2 \cdot \left|\frac{1}{\mathrm{x_d}(\mathrm{j\,s})} - \frac{1}{\mathrm{x_q}(\mathrm{j\,s})}\right|. \tag{20}$$

Dieser Anteil, den wir kurz Pendelmoment nennen, ist für die Maschine der Abb. 18 in Abb. 19 dargestellt. Besonders bei kleinen Schlupfen kann dieses Pendelmoment beträchtliche Werte annehmen. Als Folge davon ist in Wirklichkeit auch der Schlupf nicht konstant, sondern nimmt periodisch zu und ab, da der Rotor durch das Pendelmoment abwechselnd verzögert und beschleunigt wird. Die Rechnung mit konstantem Schlupf hat aber immerhin Wert als erste Näherung. In vielen Fällen ist das Trägheitsmoment des Rotors und der damit gekuppelten Schwungmassen so groß, daß die Schwankung des Schlupfs vernachlässigbar bleibt. Während der Mittelwert $\mathrm{m_m}$ mit s = 0 ebenfalls Null wird, bleibt das Pendelmoment bei s = 0 bestehen und nimmt die Größe $\frac{1}{2}\,u^2\left(\frac{1}{\mathrm{x_q}} - \frac{1}{\mathrm{x_d}}\right)$ an. Dieses Moment heißt das Reaktionsmoment. Ist das an der Welle angreifende Lastmoment kleiner als dieser Wert und überdies das Trägheitsmoment der rotierenden Massen nicht zu groß, so geht die Maschine ohne Erregung in Synchronismus und läuft dann als sogenannter Reaktionsmotor.

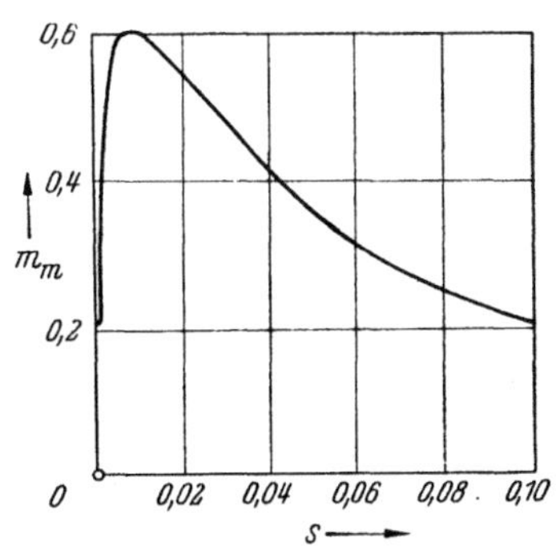

Abb. 19. Pendelmoment[1] (gleiche Maschine wie Abb. 18).

[1] Die Ordinate heißt $\mathrm{m_p}$, nicht $\mathrm{m_m}$.

Aus den Ausdrücken (17) können wir auch den Verlauf des Statorstromes finden:

$$\underline{i_a} = i_d \cdot \cos[(1-s)t+\vartheta_0] - i_q \cdot \sin[(1-s)t+\vartheta_0],$$

$$= -u \cdot \mathrm{Re}\left(\frac{1}{x_d(js)}\right) \cdot \cos[(1-s)t+\vartheta_0] \cdot \sin(st-\vartheta_0) -$$

$$- u \cdot \mathrm{Im}\left(\frac{1}{x_d(js)}\right) \cdot \cos[(1-s)t+\vartheta_0] \cdot \cos(st-\vartheta_0) -$$

$$- u \cdot \mathrm{Re}\left(\frac{1}{x_q(js)}\right) \cdot \sin[(1-s)t+\vartheta_0] \cdot \cos(st-\vartheta_0) +$$

$$+ u \cdot \mathrm{Im}\left(\frac{1}{x_q(js)}\right) \cdot \sin[(1-s)t+\vartheta_0] \cdot \sin(st-\vartheta_0)$$

$$= -\frac{1}{2} u \cdot \mathrm{Re}\left(\frac{1}{x_d(js)} + \frac{1}{x_q(js)}\right) \cdot \sin(t) - \frac{1}{2} u \cdot \mathrm{Im}\left(\frac{1}{x_d(js)} + \frac{1}{x_q(js)}\right) \cdot \cos(t) +$$

$$+ \frac{1}{2} u \cdot \mathrm{Re}\left(\frac{1}{x_d(js)} - \frac{1}{x_q(js)}\right) \cdot \sin[(1-2s)t+2\vartheta_0] -$$

$$- \frac{1}{2} u \cdot \mathrm{Im}\left(\frac{1}{x_d(js)} - \frac{1}{x_q(js)}\right) \cdot \cos[(1-2s)t+2\vartheta_0].$$

$$\underline{i_a = -\frac{1}{2} u \cdot \left|\frac{1}{x_d(js)} + \frac{1}{x_q(js)}\right| \cdot \sin[t+\varphi(s)] +}$$

$$\underline{+ \frac{1}{2} u \cdot \left|\frac{1}{x_d(js)} - \frac{1}{x_q(js)}\right| \cdot \sin[(1-2s)t+2\vartheta_0-\chi(s)]}. \quad (21)$$

Der Statorstrom besteht also aus einer Komponente mit Netzfrequenz f_n von der Amplitude $\frac{1}{2} u \cdot \left|\frac{1}{x_d(js)} + \frac{1}{x_q(js)}\right|$ und einer Komponente mit der Frequenz $(1-2s) \cdot f_n$ und der Amplitude $\frac{1}{2} u \cdot \left|\frac{1}{x_d(js)} - \frac{1}{x_q(js)}\right|$. Das Zusammenwirken beider Komponenten bewirkt eine Schwebung mit doppelter Schlupffrequenz. Bei kleinem Schlupf wird diese direkt am Zeiger eines Amperemeters beobachtbar. Sie kann zur experimentellen Bestimmung von x_q im sogenannten Schwebungsversuch benutzt werden [14, 26 u. 27].

Den Feldstrom in der kurzgeschlossenen Feldwicklung erhalten wir allgemein aus der Gl. (5, 79). Diese wird für den stationären Vorgang

$$\bar{i}_f = \bar{i}_d \cdot x_d \cdot (1-\sigma_{df}) \cdot j \cdot s \cdot T_f \cdot G_f(js) \quad (22)$$

und bei vernachlässigtem Statorwiderstand wegen (13)

$$\underline{\bar{i}_f} = j \cdot \bar{u} \cdot x_d \cdot (1 - \sigma_{df}) \cdot \frac{j \cdot s \cdot T_f \cdot G_f(js)}{x_d(js)}$$
$$= j \cdot \bar{u} \cdot \frac{x_d \cdot (1 - \sigma_{df}) \cdot \mu_D}{x_d'' \cdot \sigma_{fD}} \cdot \underline{\frac{js \cdot (js + \gamma_f)}{(js + \beta_{d1}) \cdot (js + \beta_{d2})}} . \quad (23)$$

β_{d1}, β_{d2} und γ_f sind für Maschinen üblicher Bauart stets wesentlich kleiner als 1. Daher ist für große Schlupfe (z. B. im Anlauf)

$$\bar{i}_f \approx j \cdot \bar{u} \cdot \frac{x_d \cdot (1 - \sigma_{df}) \cdot \mu_D}{x_d'' \cdot \sigma_{fD}} \approx j \cdot \bar{u} \cdot \left(\frac{1 - \sigma_{df}}{\sigma_{df}}\right) \cdot \frac{\mu_D}{\sigma_{dD}} . \quad (24)$$

Bei einer Maschine ohne Dämpferwicklung würde bei großem Schlupf ein Kurzschlußstrom $\bar{i}_f = j\,\bar{u} \cdot [(1 - \sigma_{df})/\sigma_{df}]$ in der Feldwicklung induziert. Der Faktor μ_D/σ_{dD} stellt also angenähert die abschirmende Wirkung dar, die die Dämpferwicklung in bezug auf die Feldwicklung ausübt.

6.2. Asynchroner Lauf bei erregtem Polrad. Ist die Feldwicklung nicht direkt kurzgeschlossen, sondern über eine Gleichspannungsquelle, die einen konstanten Strom I_f durch die Wicklung treibt, so wird bei der Drehzahl $1-s$ im Stator eine EMK der Frequenz $(1-s) \cdot f_n$ induziert. Im Netz ist keine Gegenspannung dieser Frequenz vorhanden (nur solche der Frequenz f_n). Das Netz bildet daher für diese Frequenz einen Kurzschluß. Wir erhalten also im Stator einen stationären Kurzschlußstrom der Frequenz $1-s$, entsprechend der Erregung I_f. Es gelten also die Gleichungen:

$$\left.\begin{aligned} u_d &= 0 = -r \cdot i_{dk} + (1 - s) \cdot x_q \cdot i_{qk} , \\ u_q &= 0 = -r \cdot i_{qk} - (1 - s) \cdot (x_d \cdot i_{dk} - I_f) . \end{aligned}\right\} \quad (25)$$

Daraus folgen die Ströme

$$\left.\begin{aligned} i_{dk} &= \frac{(1 - s)^2 \cdot x_q \cdot I_f}{r^2 + (1 - s)^2 \cdot x_d \cdot x_q} \approx \frac{I_f}{x_d} , \\ i_{qk} &= \frac{(1 - s) \cdot r \cdot I_f}{r^2 + (1 - s)^2 \cdot x_d \cdot x_q} \approx 0 , \end{aligned}\right\} \quad (26)$$

und die Flußverkettungen

$$\left.\begin{aligned} \psi_{dk} &= x_d \cdot i_{dk} - I_f = \frac{-r^2 \cdot I_f}{r^2 + (1 - s)^2 \cdot x_d \cdot x_q} \approx 0 , \\ \psi_{qk} &= x_q \cdot i_{qk} = \frac{(1 - s) \cdot r \cdot x_q \cdot I_f}{r^2 + (1 - s)^2 \cdot x_d \cdot x_q} \approx \frac{r \cdot I_f}{(1 - s) \cdot x_d} . \end{aligned}\right\} \quad (27)$$

Diese konstanten Flüsse und Ströme ergeben ein Drehmoment

$$\underline{m_k} = \psi_{qk} \cdot i_{dk} - \psi_{dk} \cdot i_{qk} = \frac{(1-s)^3 \cdot r \cdot x_q^2 \cdot I_f^2 + (1-s) \cdot r^3 \cdot I_f^2}{[r^2 + (1-s)^2 \cdot x_d \cdot x_q]^2} \approx \underline{\frac{r}{1-s} \cdot \left(\frac{I_f}{x_d}\right)^2} \quad (28)$$

In den Formeln (26) bis (28) wurden außer den genauen Ausdrücken immer auch schon die Näherungsausdrücke für kleinen Statorwiderstand angegeben. Das gefundene Drehmoment ist generatorisch, wirkt also bremsend. Es entspricht einfach den ohmschen Verlusten, die durch den Kurzschlußstrom entstehen.

Die gefundenen Gleichströme und Gleichflüsse überlagern sich den von der Netzspannung herrührenden schlupffrequenten Wechselströmen und Wechselflüssen, die wir im vorhergehenden Abschnitt gefunden haben. Daher treten noch weitere Komponenten des Drehmoments auf, nämlich diejenigen, die je durch das Zusammenwirken eines schlupffrequenten Flusses mit einem Gleichstrom und diejenigen, die durch das Zusammenwirken eines Gleichflusses mit einem schlupffrequenten Strom entstehen. Vernachlässigen wir der besseren Übersicht halber von Anfang an den Statorwiderstand, so ist von den vier Größen ψ_{dk}, ψ_{qk}, i_{dk} und i_{qk} nur $i_{dk} = I_f/x_d$ von Null verschieden. Dieser Strom gibt zusammen mit ψ_q nach Gl. (18) ein Drehmoment

$$\underline{m_s = \psi_q \cdot i_{dk} = \frac{u \cdot I_f}{x_d} \cdot \cos(st - \vartheta_0)} \,. \quad (29)$$

Es ist also ein mit der einfachen Schlupffrequenz pulsierendes Moment mit der Amplitude $u \cdot I_f/x_d$. Wegen Gl. (4) können wir statt (29) auch schreiben:

$$\underline{m_s = u_d \cdot I_f/x_d} \,. \quad (30)$$

Dieses Drehmoment ist generatorisch, wirkt also verzögernd, wenn u_d positiv ist, das heißt wenn das Polrad dem Drehfeld vorauseilt (siehe Zeigerdiagramm Abb. 13). Es ist motorisch, wirkt also beschleunigend, wenn u_d negativ ist, wenn also das Polrad hinter dem Drehfeld zurückbleibt. Das Drehmoment m_s hat also stets das Bestreben, die Polradachse mit dem Drehfeld zur Deckung zu bringen. Man nennt es daher das synchronisierende Drehmoment.

Die vier Komponenten m_m, m_p, m_k und m_s bilden zusammen das resultierende Drehmoment, wenn eine Synchronmaschine mit erregtem Polrad mit von der synchronen abweichender Drehzahl läuft. Bezeichnen wir den Winkel zwischen der q-Achse und dem Zeiger der Netzspannung $\bar{u}$ auch in diesem allgemeineren Betriebszustand wie im synchronen Betrieb mit δ, wobei jetzt aber

$$\delta = -s \cdot t + \vartheta_0 + \pi/2 \quad (31)$$

zeitlich veränderlich ist, so können wir das resultierende Drehmoment schreiben:

$$m_{res} = m_m + m_p + m_s + m_k = -\frac{1}{2} u^2 \cdot \mathrm{Im}\left(\frac{1}{x_d(js)} + \frac{1}{x_q(js)}\right) + \quad (32)$$

$$+ \frac{1}{2} u^2 \cdot \left|\frac{1}{x_d(js)} - \frac{1}{x_q(js)}\right| \sin(2\delta - \chi) + \frac{u \cdot I_f}{x_d} \cdot \sin\delta + \frac{r}{1-s} \cdot \left(\frac{I_f}{x_d}\right)^2 .$$

6.3. Die Bewegungsgleichung der Synchronmaschine für Drehzahlen nahe bei der synchronen. Gl. (32) gilt zwar streng genommen nur für konstanten Schlupf. Wir können sie aber näherungsweise auch noch bei langsam veränderlichem Schlupf brauchen und mit ihrer Hilfe die Bewegung des Polrades finden. Praktisch interessieren besonders Vorgänge in der Nähe des Synchronismus, also bei kleinem Schlupf. Sie sind wichtig für die Untersuchung des Verhaltens der Maschine während und nach Störungen des Parallelbetriebs. Für diesen speziellen Fall ist eine etwas abgeänderte Form von Gl. (32) zweckmäßiger. In den beiden vom Polradwinkel abhängigen Gliedern m_p und m_s kann man vom Einfluß des Schlupfes absehen (siehe aber Abb. 19) und sie für den stationären synchronen Zustand berechnen. Vernachlässigt man den Statorwiderstand, so findet man aus

$$\left.\begin{aligned} u_d &= u \cdot \sin\delta = \psi_q = x_q \cdot i_q, \\ u_q &= u \cdot \cos\delta = -\psi_d = -x_d \cdot i_d + I_f. \end{aligned}\right\} \quad (33)$$

$$\left.\begin{aligned} i_d &= \frac{I_f - u \cdot \cos\delta}{x_d}, \\ i_q &= \frac{u \cdot \sin\delta}{x_q} \end{aligned}\right\} \quad (34)$$

und daraus:

$$m_p + m_s = \psi_q \cdot i_d - \psi_d \cdot i_q = \frac{u \cdot I_f}{x_d} \cdot \sin\delta + \frac{1}{2} u^2 \cdot \left(\frac{1}{x_q} - \frac{1}{x_d}\right) \cdot \sin 2\delta . \quad (35)$$

Diese Gleichung setzt voraus, daß sich der Polradwinkel so langsam ändere, daß der Strom in der Feldwicklung immer wieder seinen stationären Wert I_f erreiche. So langsame Bewegungen sind aber selten. Im Gegenteil ist die Zeitkonstante der Feldwicklung meistens so groß, daß sich bei der Bewegung des Polrads der mit der Feldwicklung verkettete Fluß nicht wesentlich ändern kann. Nehmen wir anderseits die Bewegung doch langsam genug an, daß die Dämpferströme keinen großen Beitrag liefern, so können wir also

$$\psi_f = -x_d \cdot (1 - \sigma_{df}) \cdot i_d + i_f \quad (36)$$

als praktisch konstant ansehen. Wir erhalten dann

$$\psi_d = x_d \cdot \sigma_{df} \cdot i_d - \psi_f \tag{37}$$

und daher statt der ersten Gl. (34)

$$i_d = \frac{\psi_f - u \cdot \cos\delta}{x_d \cdot \sigma_{df}} = \frac{\psi_f - u \cdot \cos\delta}{x_d'}, \tag{38}$$

da unter der gemachten Voraussetzung, daß die Feldzeitkonstante viel größer als die Dämpferzeitkonstante sei, $x_d \cdot \sigma_{df}$ praktisch gleich x_d' ist. Daher erhalten wir statt (35)

$$m' = \frac{u \cdot \psi_f}{x_d'} \cdot \sin\delta - \frac{1}{2} u^2 \cdot \left(\frac{1}{x_d'} - \frac{1}{x_q}\right) \cdot \sin 2\delta. \tag{39}$$

Dieses Moment enthält nicht nur die Anteile m_p und m_s von (32), sondern auch den auf die Feldwicklung entfallenden Teil von m_m. Den Rest von m_m, der von der Dämpferwicklung allein herrührt, bezeichnen wir daher als Dämpfungsmoment m_d. Da s so klein sein soll, daß s^2 gegenüber β_{d2}^2 und β_q^2 vernachlässigt werden kann, wird

$$\begin{aligned} m_d &= -\frac{1}{2} u^2 \cdot \left[\left(\frac{1}{x_d''} - \frac{1}{x_d'}\right) \cdot T_d'' + \left(\frac{1}{x_q''} - \frac{1}{x_q}\right) \cdot T_q''\right] \cdot s \\ &= \frac{1}{2} u^2 \cdot \left[\left(\frac{1}{x_d''} - \frac{1}{x_d'}\right) \cdot T_d'' + \left(\frac{1}{x_q''} - \frac{1}{x_q}\right) \cdot T_q''\right] \cdot \frac{d\delta}{dt} = M_d \cdot \frac{d\delta}{dt}. \end{aligned} \tag{40}$$

Ersetzt man noch sinngemäß I_f/x_d in m_k durch ψ_f/x_d', so erhält man nach Einsetzen in die Bewegungsgleichung (5, 16)

$$\underline{4\pi f_n H \cdot \frac{d^2\delta}{dt^2} + M_d \cdot \frac{d\delta}{dt} + \frac{u \cdot \psi_f}{x_d'} \cdot \sin\delta - \frac{1}{2} u^2 \cdot \left(\frac{1}{x_d'} - \frac{1}{x_q}\right) \cdot \sin 2\delta +}$$
$$\underline{+ r \cdot \left(\frac{\psi_f}{x_d'}\right)^2 = m_A.} \tag{41}$$

Oft darf das Glied m_k weggelassen werden. Gl. (41) dient häufig zur Untersuchung von Ausgleichsvorgängen in der Nähe des Synchronismus, so z. B.: In-Tritt-ziehen eines asynchron laufenden Synchronmotors nach dem Einschalten der Erregung, Stabilität gegenüber plötzlichen Belastungsänderungen und Schaltvorgängen, ungenaues Parallelschalten. Der in (41) zu verwendende Wert von ψ_f ist durch den stationären Betrieb unmittelbar vor Eintritt der Störung gegeben.

Für Vorgänge, bei denen sich der Schlupf in weiten Grenzen und rasch ändert, sind die hier gemachten Voraussetzungen nicht zutreffend und können zu groben Fehlern führen. Einen Anhaltspunkt für die Abweichungen zwischen stationärer Rechnung und Ausgleichsvorgang in einem allerdings extremen Fall zeigt Abb. 20. Sie stellt das Drehmoment während des Hochlaufens einer kleinen Maschine (25 kVA) in Abhängigkeit vom Schlupf dar. Die Kurve a gilt für den Anlauf der unbelasteten Maschine an voller Spannung. Sie wurde durch schrittweise Integration der Differentialgleichungen (5, 18—22) gewonnen. Die Kurve b hingegen stellt das stationäre Drehmoment dar. Will man dieses durch einen Hochlaufversuch experimentell bestimmen, so muß man durch Ankuppeln genügender Schwungmassen oder Reduktion der Spannung für eine genügend lange Anlaufzeit sorgen. Diese muß, um einen erheblichen Fehler zu vermeiden, sehr groß gegenüber den Zeitkonstanten T_d'' und T_q'' sein. Ist beim Anlauf die Feldwicklung ebenfalls kurzgeschlossen, so muß die Anlaufzeit auch groß gegen T_d' sein. Um einigermaßen sicher zu gehen, sollte die Anlaufzeit mindestens das 100fache der größten beteiligten Zeitkonstante sein. Im Fall der Kurve a hingegen war die Anlaufzeit etwa $10 \cdot T_d''$.

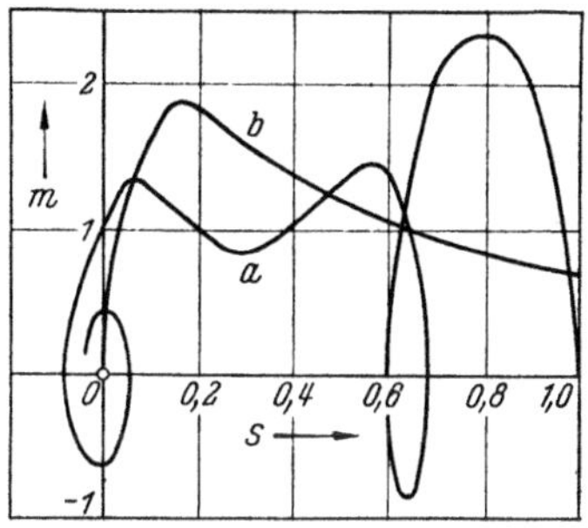

Abb. 20. Drehmoment der Dämpferwicklung bei raschem (a) und langsamem (b). Hochlauf einer kleinen Maschine mit Vollpolrotor. (25 kVA, 1500 U/min).

6.4. Unsymmetrische Belastung im synchronen Lauf, Einphasenmaschine. Wir behandeln hier die unsymmetrische Belastung einer synchron laufenden Maschine, da die dafür maßgebenden Größen in enger Beziehung zu den beim asynchronen Betrieb auftretenden stehen. Eine unsymmetrische Belastung einer Drehstrommaschine, bei der die drei Strangströme zwar gleiche Frequenz, aber verschiedene Effektivwerte und Phasenlagen haben, läßt sich bekanntlich als Überlagerung dreier symmetrischer Stromsysteme auffassen. Diese drei symmetrischen Systeme nennt man die symmetrischen Komponenten der unsymmetrischen Belastung. Das erste System nennt man „Mit"-System oder positives System:

$$\left.\begin{aligned} i_{a1} &= i_1 \cdot \cos(t - \varphi_1)\,, \\ i_{b1} &= i_1 \cdot \cos(t - \varphi_1 - 2\pi/3)\,, \\ i_{c1} &= i_1 \cdot \cos(t - \varphi_1 + 2\pi/3)\,. \end{aligned}\right\} \quad (42)$$

Das zweite System heißt „Gegen"-System oder negatives System:

$$\left.\begin{aligned} i_{a2} &= i_2 \cdot \cos(t - \varphi_2)\,, \\ i_{b2} &= i_2 \cdot \cos(t - \varphi_2 + 2\pi/3)\,, \\ i_{c2} &= i_2 \cdot \cos(t - \varphi_2 - 2\pi/3)\,. \end{aligned}\right\} \quad (43)$$

Das dritte bildet das bereits benutzte „Null“-System:

$$i_{ao} = i_{bo} = i_{co} = i_o \cdot \cos(t - \varphi_o) . \tag{44}$$

Für unsymmetrische Spannungen gelten ganz entsprechende Beziehungen. Das Mit-System und das Gegen-System bilden je ein symmetrisches Drehstrom-System, wobei aber das Gegen-System die umgekehrte Phasenfolge hat. Das Null-System besteht hingegen aus phasengleichen Strömen in allen drei Strängen. Die resultierenden unsymmetrischen Ströme sind:

$$\left.\begin{aligned} i_a &= i_{a1} + i_{a2} + i_{ao} ,\\ i_b &= i_{b1} + i_{b2} + i_{bo} ,\\ i_c &= i_{c1} + i_{c2} + i_{co} . \end{aligned}\right\} \tag{45}$$

Es ist leicht einzusehen, daß jedes beliebige unsymmetrische System in der Form (45) darstellbar sein muß, da zur Darstellung der drei willkürlichen Ströme i_a, i_b, i_c drei unabhängige Größen i_1, i_2, i_o zur Verfügung stehen. Aus (42) bis (45) erhalten wir die „Achsen“-Ströme.

$$\left.\begin{aligned} i_d &= \quad i_1 \cdot \cos(\vartheta_o + \varphi_1) + i_2 \cdot \cos(2t + \vartheta_o - \varphi_2) ,\\ i_q &= - i_1 \cdot \sin(\vartheta_o + \varphi_1) - i_2 \cdot \sin(2t + \vartheta_o - \varphi_2) ,\\ i_o &= \quad i_o . \end{aligned}\right\} \tag{46}$$

Die Ströme in der Längs- und Querachse bestehen also je aus einer Gleichstromkomponente wie im stationären symmetrischen Betrieb und einer dem Gegen-System entsprechenden Komponente der doppelten Netzfrequenz. Das ist ganz einleuchtend. Die Mit-Ströme in der Statorwicklung erzeugen ein Drehfeld, das synchron mit dem Polrad rotiert, also relativ zu diesem stillsteht. Die Gegen-Ströme im Stator erzeugen ein Drehfeld, das ebenfalls mit der synchronen Geschwindigkeit, aber in entgegengesetztem Drehsinn rotiert, also relativ zum Polrad die doppelte synchrone Geschwindigkeit hat. Das läßt sich kurz so ausdrücken: Das Mit-System hat den Schlupf Null, das Gegen-System den Schlupf 2. Schreiben wir

$$\left.\begin{aligned} i_d &= i_{d1} + i_{d2} , & i_q &= i_{q1} + i_{q2} ,\\ \psi_d &= \psi_{d1} + \psi_{d2} , & \psi_q &= \psi_{q1} + \psi_{q2} ,\\ u_d &= u_{d1} + u_{d2} , & u_q &= u_{q1} + u_{q2} , \end{aligned}\right\} \tag{47}$$

so sind die Größen u_{d1}, u_{q1}, i_{d1}, i_{q1}, ψ_{d1}, ψ_{q1} konstant und genügen den stationären Gleichungen

$$\begin{aligned} u_{d1} &= - i_{d1} \cdot \mathrm{r} + \psi_{q1} = - i_{d1} \cdot \mathrm{r} + i_{q1} \cdot \mathrm{x}_q ,\\ u_{q1} &= - i_{q1} \cdot \mathrm{r} - \psi_{d1} = - i_{q1} \cdot \mathrm{r} - i_{d1} \cdot \mathrm{x}_d + \mathrm{I}_f . \end{aligned} \tag{48}$$

Die Größen u_{d2}, u_{q2}, i_{d2}, i_{q2}, ψ_{d2}, ψ_{q2} sind hingegen Wechselgrößen mit der bezogenen Frequenz zwei. Benützen wir für sie die komplexe Schreibweise, so gelten die Gleichungen:

$$\begin{aligned} \bar{u}_{d2} &= -\bar{i}_{d2} \cdot r - j2 \cdot \bar{\psi}_{d2} + \bar{\psi}_{q2} , \\ \bar{u}_{q2} &= -\bar{i}_{q2} \cdot r - j2 \cdot \bar{\psi}_{q2} - \bar{\psi}_{d2} \end{aligned} \tag{49}$$

mit

$$\begin{aligned} \bar{\psi}_{d2} &= \bar{i}_{d2} \cdot x_d (j2) , \\ \bar{\psi}_{q2} &= \bar{i}_{q2} \cdot x_q (j2) . \end{aligned} \tag{50}$$

Wegen (46) können wir schreiben:

$$\begin{aligned} \bar{i}_{d2} &= \bar{i}_2 = i_2 \cdot e^{j(2t + \vartheta_0 - \varphi_2)} , \\ \bar{i}_{q2} &= j \cdot \bar{i}_2 . \end{aligned} \tag{51}$$

Setzen wir (50) und (51) in (49) ein, so folgt:

$$\begin{aligned} \bar{u}_{d2} &= - \bar{i}_2 \cdot [r + j\,2 \cdot x_d (j\,2) - j \cdot x_q (j\,2)] , \\ \bar{u}_{q2} &= - j \cdot \bar{i}_2 \cdot [r + j\,2 \cdot x_q (j\,2) - j \cdot x_d (j\,2)] . \end{aligned} \tag{52}$$

Gehen wir zu den reellen Teilen über, so finden wir aus (52):

$$\begin{aligned} u_{d2} = &- i_2 \cdot \{r - \operatorname{Im} [2\, x_d (j\,2) - x_q (j\,2)]\} \cdot \cos (2t + \vartheta_0 - \varphi_2) + \\ &+ i_2 \cdot \operatorname{Re} [2\, x_d (j\,2) - x_q (j\,2)] \cdot \sin (2t + \vartheta_0 - \varphi_2) , \\ u_{q2} = &\quad i_2 \cdot \{r - \operatorname{Im} [2\, x_q (j\,2) - x_d (j\,2)]\} \cdot \sin (2t + \vartheta_0 - \varphi_2) + \\ &+ i_2 \cdot \operatorname{Re} [2\, x_q (j\,2) - x_d (j\,2)] \cdot \cos (2t + \vartheta_0 - \varphi_2) . \end{aligned} \tag{53}$$

Daraus können wir die Gegenspannung am Stator berechnen:

$$\begin{aligned} u_{a2} &= u_{d2} \cdot \cos (t + \vartheta_0) - u_{q2} \cdot \sin (t + \vartheta_0) \\ &= - i_2 \cdot \Big\{ (r - \tfrac{1}{2} \operatorname{Im} [x_d (j\,2) + x_q (j\,2)]) \cdot \cos (t - \varphi_2) - \\ &- \tfrac{1}{2} \operatorname{Re} [x_d (j\,2) + x_q (j\,2)] \cdot \sin (t - \varphi_2) \Big\} - \tfrac{3}{2} i_2 \cdot \Big\{ \operatorname{Im} [x_q (j\,2) - \\ &- x_d (j\,2)] \cdot \cos (3t + 2\vartheta_0 - \varphi_2) + \operatorname{Re} [x_q (j2) - x_d (j\,2)] \cdot \sin (3t + 2\vartheta_0 - \varphi_2) \Big\} . \end{aligned} \tag{54}$$

Infolge des Gegenstromes i_2 tritt im Stator also eine Gegenspannung auf, die sich aus zwei Komponenten zusammensetzt. Die erste hat Netzfrequenz. Man kann sie auffassen als Spannungsabfall des Stromes i_2 in einer Impedanz $\bar{z}_2$. Diese Impedanz

$$\bar{z}_2 = r + j \frac{1}{2} \cdot [x_d (j\,2) + x_q (j\,2)] = r_2 + j \cdot x_2 \tag{55}$$

heißt die Gegenfeldimpedanz (negative sequence impedance) der Maschine. Ihr reeller Teil ist der Gegenfeldwiderstand

$$\mathrm{Re}\,(\bar{z}_2) = r_2 = r - \frac{1}{2} \cdot \mathrm{Im}\,[x_d\,(j\,2) + x_q\,(j\,2)]\,. \tag{56}$$

Der Imaginärteil von x_d (j 2) und x_q (j 2) ist negativ. r_2 ist also größer als r. Der Anteil r entspricht den Verlusten des Gegenstroms in der Statorwicklung, der Rest den durch das gegenläufige Feld im Rotor erzeugten Verlusten. Der imaginäre Teil von $\bar{z}_2$ heißt die Gegenfeldreaktanz (negative sequence reactance). Er ist

$$\mathrm{Im}\,(\bar{z}_2) = x_2 = \frac{1}{2} \cdot \mathrm{Re}[x_d\,(j\,2) + x_q\,(j\,2)] \approx \frac{x_d'' + x_q''}{2}, \tag{57}$$

da für normale Maschinen der Wert s = 2 schon fast ∞ entspricht. Die zweite Komponente der Gegenspannung hat dreifache Netzfrequenz. Ihre Amplitude ist

$$u_2^{(3)} = i_2 \cdot \frac{3}{2} \cdot |\,x_q\,(j\,2) - x_d\,(j\,2)\,| \approx i_2 \cdot \frac{3}{2} \cdot (x_q'' - x_d'')\,. \tag{58}$$

Das Auftreten dieser Spannung dreifacher Frequenz läßt sich physikalisch so verstehen: Das vom Gegenstrom erzeugte Drehfeld rotiert mit der doppelten synchronen Geschwindigkeit gegenüber der Feldwicklung und induziert daher in dieser eine EMK doppelter Netzfrequenz. Diese bewirkt auch einen Feldstrom doppelter Netzfrequenz. Das von diesem erzeugte Feld ist einachsig. Es läßt sich in zwei entgegengesetzt rotierende Drehfelder zerlegen, die je mit der doppelten synchronen Geschwindigkeit gegenüber dem Polrad umlaufen. Das eine hat gleichen Umlaufsinn wie das vom Gegenstrom erzeugte und setzt sich mit diesem zu einem resultierenden Drehfeld zusammen. Es gibt die netzfrequente Komponente der Gegenspannung. Das andere vom Polrad erzeugte Drehfeld hat gegenüber dem Stator die dreifache synchrone Geschwindigkeit und gibt daher die Komponente dreifacher Frequenz. Den in der Feldwicklung auftretenden Strom doppelter Netzfrequenz erhalten wir aus Gl. (22) mit s = 2:

$$\bar{i}_f^{(2)} = \bar{i}_2 \cdot x_d \cdot (1 - \sigma_{df}) \cdot j2 \cdot T_f\, G_f\,(j2) \approx \bar{i}_2 \cdot x_d \cdot (1 - \sigma_{df}) \cdot \frac{\mu_D}{\sigma_D}\,. \tag{59}$$

Da α_{d1}, α_{d2} und γ_f meistens viel kleiner als 2 sind, ergibt sich die vorgenommene Vereinfachung.

Das Drehmoment bei unsymmetrischer Belastung

$$\begin{aligned} m = \psi_q \cdot i_d - \psi_d \cdot i_q &= (\psi_{q1} \cdot i_{d1} - \psi_{d1} \cdot i_{q1}) + (\psi_{q2} \cdot i_{d2} - \psi_{d2} \cdot i_{q2}) + \\ &\quad + (\psi_{q1} \cdot i_{d2} - \psi_{d1} \cdot i_{q2} + \psi_{q2} \cdot i_{d1} - \psi_{d2} \cdot i_{q1}) \\ &= m_1 + m_2 + m_{12} \end{aligned} \tag{60}$$

setzt sich aus drei Teilen zusammen. Der erste Teil m_1 ist der Beitrag des Mitsystems. Er ist zeitlich konstant und genau so groß, wie wenn eine symmetrische Belastung entsprechend dem Mitsystem allein vorhanden wäre. m_2, der Beitrag des Gegensystems, lautet ausgeschrieben:

$$\begin{aligned} m_2 = & -\frac{1}{2} i_2^2 \cdot \operatorname{Im}[x_d(j2) + x_q(j2)] - \\ & -\frac{1}{2} i_2^2 \cdot \operatorname{Re}[x_q(j2) - x_d(j2)] \cdot \sin(4t + 2\vartheta_0 - 2\varphi_2) - \\ & -\frac{1}{2} i_2^2 \cdot \operatorname{Im}[x_q(j2) - x_d(j2)] \cdot \cos(4t + 2\vartheta_0 - 2\varphi_2). \end{aligned} \tag{61}$$

Er besteht selbst wieder aus einem zeitlich konstanten Anteil, den man wegen (56) in der Form

$$m_{2c} = i_2^2 \cdot (r_2 - r) \tag{62}$$

schreiben kann, und einem mit vierfacher Netzfrequenz pulsierenden Anteil mit der Amplitude

$$|m_{2w}| = \frac{1}{2} i_2^2 \cdot |x_q(j2) - x_d(j2)| \approx \frac{1}{2} i_2^2 \cdot (x_q'' - x_d''). \tag{63}$$

Der Rest von m, der durch das Zusammenwirken der Mit- und Gegenkomponenten zustande kommt, läßt sich nach einer Vereinfachung schreiben:

$$m_{12} = (\psi_{q1} - x_d'' \cdot i_{q1}) \cdot i_{d2} - (\psi_{d1} - x_q'' \cdot i_{d1}) \cdot i_{q2}. \tag{64}$$

Die Faktoren von i_{d2} und i_{q2} sind zeitlich konstante Größen. m_{12} pulsiert daher mit der doppelten Netzfrequenz und hat die Amplitude

$$|m_{12}| = i_2 \cdot \sqrt{(\psi_{q1} - x_d'' \cdot i_{q1})^2 + (\psi_{d1} - x_q'' \cdot i_{d1})^2}. \tag{65}$$

Die pulsierenden Anteile m_{2w} und m_{12} haben keine große Bedeutung, da die Pulsationen so rasch erfolgen, daß sie ohne merkliche Drehzahlschwankung von den Schwungmassen aufgenommen werden. Die unsymmetrische Belastung äußert sich also im wesentlichen nur durch das Hinzukommen des Anteils m_{2c}. Dieser ist stets positiv, wirkt also bremsend. Aus (62) erkennt man, daß er genau den durch das Gegendrehfeld im Rotor entstehenden Verlusten entspricht. Der dafür maßgebende Widerstand $r_2 - r$ läßt sich, da α_{d1}, α_{d2} und α_q stets klein gegen 2 sind, in der Form schreiben:

$$\begin{aligned} r_2 - r &= -\frac{1}{2} \cdot \operatorname{Im}[x_d(j\,2) + x_q(j\,2)] \\ &= \frac{1}{4} \cdot [x_d \cdot (\alpha_{d1} A_{d1} + \alpha_{d2} A_{d2}) + (x_q - x_q'') \cdot \alpha_q''] \\ &= \frac{1}{4} \cdot \left\{ x_d \cdot \left[\left(\frac{\mu_f}{\sigma_{fD}}\right)^2 \cdot \frac{1-\sigma_{dD}}{T_D} + \left(\frac{\mu_D}{\sigma_{fD}}\right)^2 \cdot \frac{1-\sigma_{df}}{T_f} \right] + x_q \cdot \left(\frac{1-\sigma_q}{T_Q}\right) \right\}. \end{aligned} \tag{66}$$

Damit eine Synchronmaschine durch stark unsymmetrische Belastung keinen Schaden leidet, muß diese Größe klein gemacht werden. Das kann entweder geschehen, indem man lamellierte Pole ganz ohne Dämpferwicklung vorsieht oder indem man eine so kräftige Dämpferwicklung (großer Kupferquerschnitt) anordnet, daß T_D und T_Q genügend groß werden. Der erste Weg ist praktisch unbrauchbar, da eine solche Maschine sehr großen Spannungsabfall (großes x_2!) erhielte und außerdem durch Erzeugung einer starken dritten Harmonischen Störungen im Netz hervorrufen könnte. Die dritte Harmonische läßt sich nach Gl. (58) klein halten, indem man erstens x_d'' und x_q'' möglichst klein und gleichzeitig auch noch möglichst gleich macht. Das läßt sich nur erreichen durch eine Dämpferwicklung mit durchgehenden Ringen. Die Kleinhaltung von x_d'' und x_q'' gibt gleichzeitig auch kleines x_2 und damit kleinen Spannungsabfall. Besonders wichtig sind diese Gesichtspunkte für Einphasenmaschinen, denn diese lassen sich auffassen als Drehstrommaschinen mit extrem unsymmetrischer Belastung.

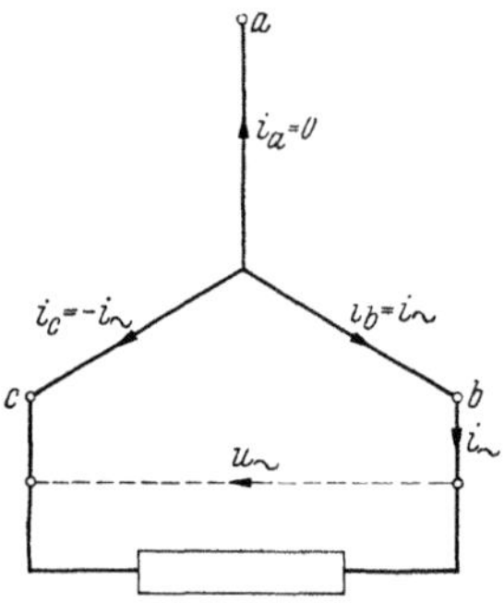

Abb. 21. Einphasige Belastung eines Drehstromgenerators.

Wir wollen diesen Spezialfall noch kurz etwas näher betrachten und besonders das Zeigerdiagramm der Einphasenmaschine auf Grund der Auffassung als unsymmetrisch belastete Drehstrommaschine entwickeln. Aus Abb. 21 sehen wir, daß für reine Einphasenlast die Beziehungen gelten:

$$\left.\begin{aligned} i_a &= i_{a1} + i_{a2} + i_{a0} = 0\,, \\ i_b &= i_{b1} + i_{b2} + i_{b0} = i_\sim = i \cdot \cos(t - \varphi)\,, \\ i_c &= i_{c1} + i_{c2} + i_{c0} = -i_\sim\,. \end{aligned}\right\} \tag{67}$$

Aus diesen drei Gleichungen folgt:

$$\left.\begin{aligned} i_1 &= -i_2 = i/\sqrt{3}\,, \\ i_0 &= 0. \end{aligned}\right\} \tag{68}$$

Ebenfalls aus Abb. 21 liest man ab:

$$\bar{u}_\sim = \bar{u}_b - \bar{u}_c = \bar{u}_{b1} + \bar{u}_{b2} - \bar{u}_{c1} - \bar{u}_{c2} = (\bar{u}_1 - \bar{u}_2) \cdot \sqrt{3}\,. \tag{69}$$

Für das Mitsystem u_1, i_1 gilt das Zeigerdiagramm der gewöhnlichen Drehstrommaschine (Abb. 13). Multiplizieren wir in ihm alle Strecken mit $\sqrt{3}$, so erhalten wir das Diagramm Abb. 22a. Der Zeiger $\bar{u}_2$ entspricht nur dem netzfrequenten Anteil der Gegenspannung. Für ihn können wir daher schreiben:

$$\bar{u}_2 = -\bar{i}_2 \cdot \bar{z}_2 = -\bar{i}_2 \cdot (r_2 + j \cdot x_2)\,. \tag{70}$$

Das entsprechende Zeigerdiagramm, ebenfalls mit $\sqrt{3}$ multipliziert, stellt Abb. 22b dar. Nun braucht man nur noch die beiden Diagramme nach der Vorschrift $\bar{u}_{\sim} = (\bar{u}_1 - \bar{u}_2) \cdot \sqrt{3}$ zusammenzusetzen, um das Zeigerdiagramm der Einphasenmaschine Abb. 22c zu erhalten. Man erkennt daraus, daß man die Einphasenmaschine (abgesehen von der

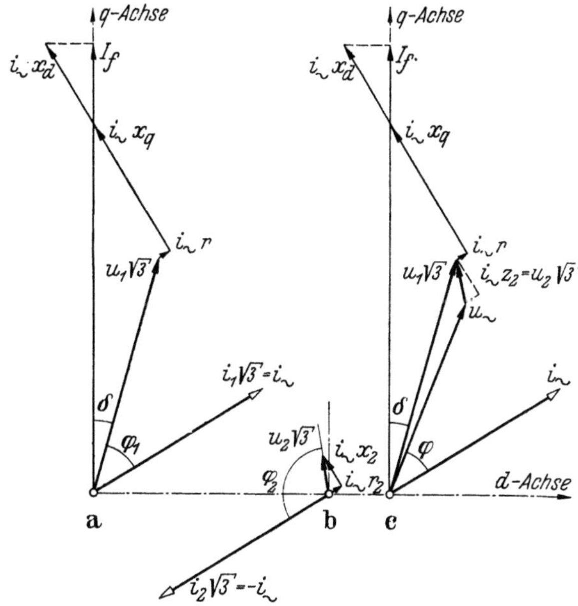

Abb. 22. Zeigerdiagramm der Einphasensynchronmaschine.
a) Mitsystem, b) Gegensystem, c) Zusammensetzung.

dritten Harmonischen der Spannung) als Drehstrommaschine auffassen kann, der die Impedanz $\bar{z}_2$ vorgeschaltet ist. Diese Impedanz wird nach Gl. (55) aus den Operatoren x_d (js) und x_q (js) mit $s = 2$ berechnet. Für so große Werte von s ändern sich die Operatoren nur noch wenig, wenn s sich ändert. Aus diesem Grund kann man die oben entwickelte Vorstellung, daß sich die Einphasenmaschine nur durch die Vorschaltimpedanz $\bar{z}_2$ von der Drehstrommaschine unterscheide, als gute Näherung auch für nichtstationäre Betriebsfälle brauchen.

6.5. Die Ortskurven der Reaktanzoperatoren[2]. Die Größen x_d (js) und x_q (js) sind komplexe Zahlen. Man kann einen guten Überblick über ihre Abhängigkeit von s gewinnen, wenn man die Ortskurven aufzeichnet. Darunter versteht man die Kurve, die der Punkt x_d (js) bzw.

[1] An der q-Achse $I_f\sqrt{3}$ statt I_f.

[2] Zu diesem Abschnitt wurde ich von Dr. M. KRONDL angeregt.

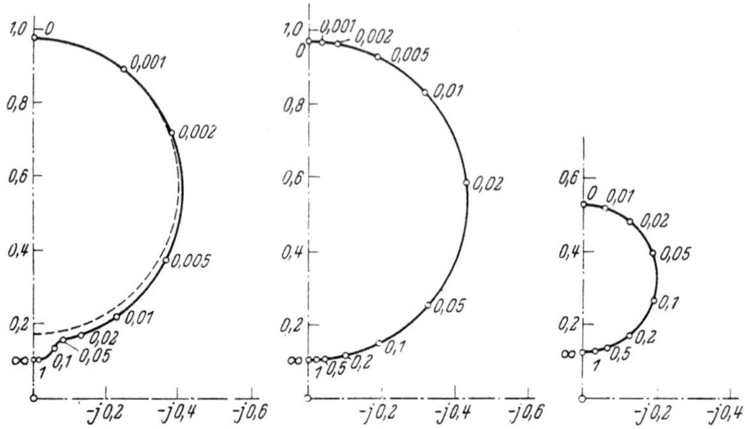

a b c

Abb. 23. Ortskurven der Reaktanzoperatoren einer kleinen Synchronmaschine. a) x_d (js) Feld direkt kurzgeschlossen, b) x_d (js) Feld über $9 \cdot R_f$ kurzgeschlossen, c) x_q (js) (----- für Maschine ohne Dämpferwicklung) (110 kVA, 1500 U/min).

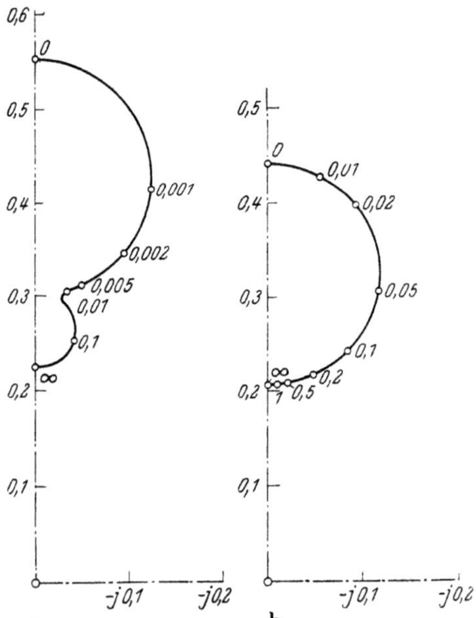

a b

Abb. 24. Ortskurven der Reaktanzoperatoren einer großen Synchronmaschine. a) x_d (js), b) x_q (js) (50MVA, 100 U/min.)

x_q (js) in der komplexen Zahlenebene durchläuft, wenn s stetig von Null bis ∞ wächst. Abb. 23 zeigt diese Kurven für die schon (in Abb. 17) als Beispiel benützte 110-kVA-Maschine. Abb. 23a zeigt x_d (js) bei kurzgeschlossener Feldwicklung (normaler Betriebszustand), Abb. 23b mit einem zusätzlichen Widerstand $9 \cdot R_f$ im Feldkreis (Anlauf) und Abb. 23c x_q (js). Abb. 24a und b zeigen x_d (js) (Feld kurzgeschlossen) und x_q (js) für einen großen langsam laufenden Wasserkraftgenerator. Mit Rücksicht auf die Stabilität der Kraftübertragung über eine lange Leitung sind die Reaktanzen der Maschine der Abb. 24 außergewöhnlich niedrig gewählt. Da bei der großen Maschine die Feldzeitkonstante und die Dämpferzeitkonstante viel weiter auseinander liegen als bei der kleinen Maschine, tritt in der Ortskurve Abb. 24a der Beitrag der Dämpferwicklung viel ausgeprägter hervor als in 23a.

Der ganzen hier behandelten Theorie der Synchronmaschine liegt die Annahme zugrunde, daß man die Wirkung der Dämpferwicklung durch je eine konzentrierte Kurzschlußwicklung in der Längs- und in der Querachse ersetzen könne. Die Ortskurven geben nun eine gute Möglichkeit, die Zulässigkeit dieser Annahme zu prüfen. Die wirkliche Ausführung einer Dämpferwicklung zeigt Abb. 25. Es sind mehrere (im Beispiel 6) Stäbe über die Breite des Polschuhs verteilt und durch Kurzschlußringe auf jeder Seite verbunden. Die Dämpferwicklung stellt also einen Käfiganker dar, dessen auf die Pollücke entfallende Stäbe aber fehlen. Eine solche Wicklung besteht also nicht aus einer einzigen Schleife für jede Achse, sondern aus mehreren (im Beispiel 3), die magnetisch und durch die gemeinsamen Ringstücke außerdem galvanisch gekoppelt sind. Mit etwas mehr Rechenarbeit kann man nun auch die Operatoren $x_d(js)$ und $x_q(js)$ für diese wirkliche Anordnung der Dämpferwicklung aufstellen. Man erhält je nach der Stabzahl kompliziertere Ausdrücke. Beispielsweise findet man für die Maschine der Abb. 24, die, wie in Abb. 25 dargestellt, 6 Stäbe pro Pol hat:

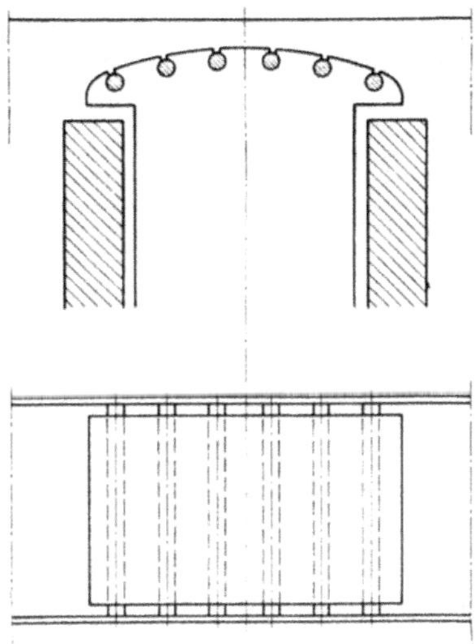

Abb. 25. Polform und Dämpferwicklung der Maschine der Abb. 24.

$$\left.\begin{aligned} x_d(js) &= \frac{0{,}553 + (js)\cdot 336 + (js)^2\cdot 6050 + (js)^3\cdot 34950 + (js)^4\cdot 65050}{1 + (js)\cdot 1111 + (js)^2\cdot 23900 + (js)^3\cdot 154000 + (js)^4\cdot 307000},\\ x_q(js) &= \frac{0{,}442 + (js)\cdot 9{,}68 + (js)^2\cdot 65{,}4 + (js)^3\cdot 138{,}5}{1 + (js)\cdot 34{,}84 + (js)^2\cdot 287{,}6 + (js)^3\cdot 678{,}4}. \end{aligned}\right\} \quad (71)$$

Die der üblichen Theorie zugrunde liegenden Ersatzwicklungen in der Längs- und Querachse ergeben die Operatoren

$$\left.\begin{aligned} x_d(js) &= \frac{0{,}553 + (js)\cdot 331 + (js)^2\cdot 2720}{1 + (js)\cdot 1101 + (js)^2\, 12720},\\ x_q(js) &= \frac{0{,}442 + (js)\cdot 4{,}90}{1 + (js)\cdot 24{,}03}. \end{aligned}\right\} \quad (72)$$

Die Ortskurven Abb. 24 sind nach (72) gezeichnet. Trägt man jedoch die aus (71) berechneten Punkte ein, so findet man nur Abweichungen, die kleiner als die Genauigkeit der Zeichnung von Abb. 24 sind. Die Übereinstimmung ist also viel besser als man nach dem verschiedenen Aufbau der Ausdrücke (71) und (72) erwarten würde. Wenn auch die Übereinstimmung nicht in jedem Beispiel ganz so gut ist wie in dem angeführten, so genügt sie doch stets für praktische Zwecke. Die übliche Berechnung der Konstanten der Ersatzwicklung gewährleistet von vornherein, daß die Operatoren $x_d(js)$ und $x_q(js)$ für kleines s und für $s = \infty$ mit den genauen Werten übereinstimmen. Abweichungen könnten also höchstens für mittlere Werte von s vorkommen, wo sie ohnehin nicht sehr wichtig wären.

7. Kleine Schwingungen der Synchronmaschine.

7.1. Die Grundgleichungen. Im Fall, wo eine Maschine kleine Schwingungen um den synchronen Betriebszustand ausführt, ist eine allgemeine Behandlung ähnlich wie im asynchronen Betrieb möglich. Wir wenden uns daher jetzt diesem Betriebsfall zu. Das Polrad führe jetzt also eine kleine Schwingungsbewegung aus, die der gleichförmigen Drehbewegung mit synchroner Geschwindigkeit überlagert ist. Der Polradwinkel δ ist nicht mehr konstant, sondern schwankt um einen Mittelwert δ_0 zwischen den Grenzen $\delta_0 - \varepsilon$ und $\delta_0 + \varepsilon$ mit einer Frequenz $\lambda \cdot f_n$. λ ist also die auf die Netzfrequenz bezogene Schwingungsfrequenz. Wir können den Momentanwert des Polradwinkels allgemein schreiben

$$\delta = \delta_0 + \mathrm{Re}\,(\bar{\varepsilon} \cdot e^{j\lambda t})\,. \tag{1}$$

Dem schwingenden Anteil von δ entsprechen schwingende Anteile der Spannungen, der Ströme und der Flußverkettungen, die sich ebenfalls den stationären Werten dieser Größen überlagern. Wir schreiben daher

$$\left.\begin{aligned} u_d &= u_{do} + \mathrm{Re}\,(\bar{u}_d \cdot e^{j\lambda t}) \\ u_q &= u_{qo} + \mathrm{Re}\,(\bar{u}_q \cdot e^{j\lambda t}) \end{aligned}\right\} \tag{2}$$

$$\left.\begin{aligned} i_d &= i_{do} + \mathrm{Re}\,(\bar{i}_d \cdot e^{j\lambda t}) \\ i_q &= i_{qo} + \mathrm{Re}\,(\bar{i}_q \cdot e^{j\lambda t}) \end{aligned}\right\} \tag{3}$$

$$\left.\begin{aligned} \psi_d &= \psi_{do} + \mathrm{Re}\,(\bar{i}_d \cdot x_d(j\lambda) \cdot e^{j\lambda t}) \\ \psi_q &= \psi_{qo} + \mathrm{Re}\,(\bar{i}_q \cdot x_q(j\lambda) \cdot e^{j\lambda t}) \end{aligned}\right\} \tag{4}$$

Aus Gl. (4, 4) und der dort abgeleiteten Beziehung zwischen ϑ_0 und δ folgt

$$\vartheta = t + \vartheta_0 = t + \delta - \pi/2 = t + \mathrm{Re}\,(\bar{\varepsilon} \cdot e^{j\lambda t}) + \delta_0 - \pi/2\,, \tag{5}$$

und daraus
$$d\vartheta/dt = 1 + \mathrm{Re}\,(j\lambda \cdot \bar{\varepsilon} \cdot e^{j\lambda t}) \tag{6}$$

Wir setzen voraus, daß die schwingenden Anteile aller dieser Größen so klein seien, daß ihre Quadrate und ihre Produkte untereinander gegenüber den Gliedern erster Ordnung vernachlässigt werden dürfen. Setzen wir nun die Gl. (2) bis (4) und (6) in die Grundgleichungen (5, 18) ein, so erhalten wir

$$\begin{aligned} u_{do} + \mathrm{Re}\,(\bar{\mathfrak{u}}_d \cdot e^{j\lambda t}) &= -i_{do} \cdot r - \mathrm{Re}\,(r \cdot \bar{\mathfrak{i}}_d \cdot e^{j\lambda t}) - \mathrm{Re}\,[j\,\lambda \cdot \bar{\mathfrak{i}}_d \cdot x_d\,(j\,\lambda) \cdot e^{j\lambda t}] + \\ &\quad + \{\psi_{qo} + \mathrm{Re}\,[\bar{\mathfrak{i}}_q \cdot x_q\,(j\lambda) \cdot e^{j\lambda t}]\} \cdot [1 + \mathrm{Re}\,(j\lambda \cdot \bar{\varepsilon} \cdot e^{j\lambda t})]\,, \\ &= -i_{do} \cdot r + \psi_{qo} - \mathrm{Re}\,\{[r \cdot \bar{\mathfrak{i}}_d + j\,\lambda \cdot \bar{\mathfrak{i}}_d \cdot x_d\,(j\,\lambda) - \\ &\quad - \bar{\mathfrak{i}}_q \cdot x_q\,(j\,\lambda) - \psi_{qo} \cdot j\,\lambda \cdot \bar{\varepsilon}] \cdot e^{j\lambda t}\}, \end{aligned}$$

$$\begin{aligned} u_{qo} + \mathrm{Re}\,(\bar{\mathfrak{u}}_q \cdot e^{j\lambda t}) &= -i_{qo} \cdot r - \mathrm{Re}\,(r \cdot \bar{\mathfrak{i}}_q \cdot e^{j\lambda t}) - \mathrm{Re}\,[j\,\lambda \cdot \bar{\mathfrak{i}}_q \cdot x_q\,(j\,\lambda) \cdot e^{j\lambda t}] - \\ &\quad - \{\psi_{do} + \mathrm{Re}\,[\bar{\mathfrak{i}}_d \cdot x_d\,(j\,\lambda) \cdot e^{j\lambda t}]\} \cdot [1 + \mathrm{Re}\,(j\,\lambda \cdot \bar{\varepsilon} \cdot e^{j\lambda t})]\,, \\ &= -i_{qo} \cdot r - \psi_{do} - \mathrm{Re}\,\{[r \cdot \bar{\mathfrak{i}}_q + j\,\lambda \cdot \bar{\mathfrak{i}}_q \cdot x_q\,(j\,\lambda) + \\ &\quad + \bar{\mathfrak{i}}_d \cdot x_d\,(j\lambda) + \psi_{do} \cdot j\lambda \cdot \bar{\varepsilon}] \cdot e^{j\lambda t}\}\,. \end{aligned}$$

Diese beiden Gleichungen können nur dann für alle Zeiten erfüllt sein, wenn die konstanten Anteile und die schwingenden Anteile links und rechts des Gleichheitszeichens je für sich gleich sind. Sie zerfallen also in die beiden Gleichungspaare

$$\left.\begin{aligned} u_{do} &= -i_{do} \cdot r + \psi_{qo}\,, \\ u_{qo} &= -i_{qo} \cdot r - \psi_{do}\,. \end{aligned}\right\} \quad (7)$$

$$\left.\begin{aligned} \bar{\mathfrak{u}}_d &= -[r + j\,\lambda \cdot x_d\,(j\,\lambda)] \cdot \bar{\mathfrak{i}}_d + x_q\,(j\,\lambda) \cdot \bar{\mathfrak{i}}_q + j\,\lambda \cdot \bar{\varepsilon} \cdot \psi_{qo}\,, \\ \bar{\mathfrak{u}}_q &= -[r + j\,\lambda \cdot x_q\,(j\,\lambda)] \cdot \bar{\mathfrak{i}}_q - x_d\,(j\,\lambda) \cdot \bar{\mathfrak{i}}_d - j\,\lambda \cdot \bar{\varepsilon} \cdot \psi_{do}\,. \end{aligned}\right\} \quad (8)$$

Das erste Paar sind die bekannten Gleichungen für den stationären Zustand. Die Mittelwerte werden also durch die Schwingung nicht beeinflußt (solange diese, wie hier vorausgesetzt, klein bleibt!). Das zweite Paar stellt die eigentlichen Schwingungsgleichungen dar. Wir beschränken die folgenden Untersuchungen auf den häufig vorliegenden Fall, daß die Maschine an einem starren Netz mit der Spannung u_0 läuft. Dann gilt

$$\begin{aligned} u_d &= u_0 \cdot \sin\delta = u_0 \cdot \sin\delta_0 + u_0 \cos\delta_0 \cdot \mathrm{Re}\,(\bar{\varepsilon} \cdot e^{j\lambda t}) = u_{do} + \mathrm{Re}\,(u_{qo} \cdot \bar{\varepsilon} \cdot e^{j\lambda t})\,, \\ u_q &= u_0 \cdot \cos\delta = u_0 \cdot \cos\delta_0 - u_0 \sin\delta_0 \cdot \mathrm{Re}\,(\bar{\varepsilon} \cdot e^{j\lambda t}) = u_{qo} - \mathrm{Re}\,(u_{do} \cdot \bar{\varepsilon} \cdot e^{j\lambda t})\,. \end{aligned}$$

Vergleichen wir diese Gleichungen mit (2), so sehen wir, daß

$$\bar{\mathfrak{u}}_d = u_{qo} \cdot \bar{\varepsilon} \qquad \bar{\mathfrak{u}}_q = -u_{do} \cdot \bar{\varepsilon} \quad (9)$$

ist. Wir setzen das in (8) ein und nehmen alle Glieder mit $\bar{\varepsilon}$ auf die linke Seite:

$$\left.\begin{aligned} (u_{qo}-j\lambda\cdot\psi_{qo})\cdot\bar{\varepsilon} &= -[r+j\lambda\cdot x_d(j\lambda)]\cdot\bar{i}_d + x_q(j\lambda)\cdot\bar{i}_q \\ -(u_{do}-j\lambda\cdot\psi_{do})\cdot\bar{\varepsilon} &= -[r+j\lambda\cdot x_q(j\lambda)]\cdot\bar{i}_q - x_d(j\lambda)\cdot\bar{i}_d\,. \end{aligned}\right\} \tag{10}$$

Diese Gleichungen lösen wir nach $\bar{i}_d$ und $\bar{i}_q$ auf:

$$\left.\begin{aligned} \bar{i}_d &= \frac{-(u_{qo}-j\lambda\cdot\psi_{qo})\cdot[r+j\lambda\cdot x_q(j\lambda)]+(u_{do}-j\lambda\cdot\psi_{do})\cdot x_q(j\lambda)}{r^2+j\lambda\cdot r\cdot[x_d(j\lambda)+x_q(j\lambda)]+(1-\lambda^2)\cdot x_d(j\lambda)\cdot x_q(j\lambda)}\cdot\bar{\varepsilon} \\ \bar{i}_q &= \frac{(u_{do}-j\lambda\cdot\psi_{do})\cdot[r+j\lambda\cdot x_d(j\lambda)]+(u_{qo}-j\lambda\cdot\psi_{qo})\cdot x_d(j\lambda)}{r^2+j\lambda\cdot r\cdot[x_d(j\lambda)+x_q(j\lambda)]+(1-\lambda^2)\cdot x_d(j\lambda)\cdot x_q(j\lambda)}\cdot\bar{\varepsilon}\,. \end{aligned}\right\} \tag{11}$$

Das sind die allgemeinen Gleichungen für die Stromschwankungen. Mit den Ausdrücken (3) und (4) findet man für das Drehmoment:

$$\begin{aligned} m &= \psi_q\cdot i_d-\psi_d\cdot i_q = \psi_{qo}\cdot i_{do}-\psi_{do}\cdot i_{qo}+ \\ &\quad + \mathrm{Re}\left\{[\psi_{qo}\cdot\bar{i}_d-\psi_{do}\cdot\bar{i}_q+i_{do}\cdot x_q(j\lambda)\cdot\bar{i}_q-i_{qo}\cdot x_d(j\lambda)\cdot\bar{i}_d]\cdot e^{j\lambda t}\right\} \\ &= \underline{m_0+\mathrm{Re}\,(\bar{m}\cdot e^{j\lambda t})} \end{aligned} \tag{12}$$

Das Drehmoment besteht also aus dem stationären Anteil m_0 und dem schwingenden Anteil

$$\bar{m} = [\psi_{qo}-i_{qo}\cdot x_d(j\lambda)]\cdot\bar{i}_d-[\psi_{do}-i_{do}\cdot x_q(j\lambda)]\cdot\bar{i}_q\,. \tag{13}$$

Setzt man $\bar{i}_d$ und $\bar{i}_q$ nach (11) ein, so erhält man $\bar{m}$ in der Form:

$$\underline{\bar{m} = (k_S+j\lambda\cdot k_D)\cdot\bar{\varepsilon}}\,. \tag{14}$$

worin

$$\begin{aligned} k_S+j\lambda\cdot k_D &= q_0 + \\ &\frac{[\psi_{do}^2\,x_d(j\lambda)+\psi_{qo}^2\,x_q(j\lambda)]\cdot(1-\lambda^2)+j\lambda r\cdot[\psi_o^2+2\,(\psi_{do}\,i_{do}\,x_d(j\lambda)+\psi_{qo}\,i_{qo}\,x_q(j\lambda))}{r^2+j\lambda\cdot r\cdot[x_d(j\lambda)+x_q(j\lambda)]+(1-\lambda^2)\cdot x_d(j\lambda)\cdot x_q(j\lambda)} - \\ &-\frac{i_o^2\,x_d(j\lambda)\,x_q(j\lambda)]-r^2\cdot[2\,q_0+i_{do}^2\,x_q(j\lambda)+i_{qo}^2\,x_d(j\lambda)]}{r^2+j\lambda\cdot r\cdot[x_d(j\lambda)+x_q(j\lambda)]+(1-\lambda^2)\cdot x_d(j\lambda)\cdot x_q(j\lambda)}\,. \end{aligned} \tag{15}$$

Darin sind zur Abkürzung die Blindleistung

$$q_0 = -(\psi_{do}\cdot i_{do}+\psi_{qo}\cdot i_{qo}) = u_0\cdot i_0\cdot\sin\varphi\,, \tag{16}$$

die gesamte Statorflußverkettung

$$\begin{aligned} \psi_0 &= \sqrt{\psi_{do}^2+\psi_{qo}^2} = \sqrt{u_0^2+2r\cdot u_0\cdot i_0\cdot\cos\varphi+r^2\cdot i_0^2}\,, \\ &= \sqrt{u_0^2+2r\cdot p_0+r^2\cdot i_0^2} \end{aligned} \tag{17}$$

und der gesamte Statorstrom

$$i_0 = \sqrt{i_{do}^2+i_{qo}^2} \tag{18}$$

eingeführt worden. Der Ausdruck (15) ist leider sehr unübersichtlich.

Wir werden deswegen so vorgehen, daß wir zuerst den Statorwiderstand vernachlässigen und nachträglich untersuchen, in welcher Weise er die Resultate beeinflußt.

Setzen wir also vorläufig r = 0, so erhalten wir statt (11)

$$\bar{i}_d = \frac{\psi_{q0}}{x_d(j\lambda)} \cdot \bar{\varepsilon}, \qquad \bar{i}_q = \frac{-\psi_{d0}}{x_q(j\lambda)} \cdot \bar{\varepsilon} \tag{19}$$

und statt (15)

$$k_S + j\lambda \cdot k_D = q_0 + \frac{\psi_{q0}^2}{x_d(j\lambda)} + \frac{\psi_{d0}^2}{x_q(j\lambda)} = u_0 \cdot i_0 \cdot \sin\varphi + u_0^2 \cdot \left(\frac{\sin^2\delta_0}{x_d(j\lambda)} + \frac{\cos^2\delta_0}{x_q(j\lambda)}\right). \tag{20}$$

Spaltet man diese Gleichung in ihren reellen und ihren imaginären Teil, so erhält man:

$$k_S = u_0 \cdot i_0 \cdot \sin\varphi + u_0^2 \cdot \left[\sin^2\delta_0 \cdot \mathrm{Re}\left(\frac{1}{x_d(j\lambda)}\right) + \cos^2\delta_0 \cdot \mathrm{Re}\left(\frac{1}{x_q(j\lambda)}\right)\right], \tag{21}$$

$$k_D = \frac{u_0^2}{\lambda} \cdot \left[\sin^2\delta_0 \cdot \mathrm{Im}\left(\frac{1}{x_d(j\lambda)}\right) + \cos^2\delta_0 \cdot \mathrm{Im}\left(\frac{1}{x_q(j\lambda)}\right)\right]. \tag{22}$$

Die Größe k_S heißt nach TIMASCHEFF [28] die „Synchronisierziffer". Vergleicht man Gl. (14) mit der Bewegungsgleichung (6, 41), so erkennt man, daß das Glied $k_S \cdot \bar{\varepsilon}$ dem synchronisierenden Drehmoment, $j\lambda \cdot k_D \cdot \bar{\varepsilon}$ dem Dämpfungsmoment entspricht. Im nächsten Abschnitt werden wir noch auf die genaue Bedeutung der Koeffizienten k_S und k_D zurückkommen.

In den hier entwickelten Gleichungen stimmen die Operatoren $x_d(j\lambda)$ und $x_q(j\lambda)$ genau mit den Operatoren $x_d(js)$ und $x_q(js)$ des 6. Kapitels überein, wenigstens solange man vom Einfluß der Sättigung absieht. Wir haben trotzdem den Buchstaben s durch λ ersetzt, um anzudeuten, daß diese Größe jetzt nicht mehr den Schlupf, sondern die Frequenz der Polradschwingung darstellt. Der wirkliche Schlupf in unserem jetzigen Fall ist

$$s = 1 - d\vartheta/dt = -\mathrm{Re}\,(j\lambda \cdot \bar{\varepsilon} \cdot e^{j\lambda t}). \tag{23}$$

Er ist also völlig von λ verschieden.

Die Rechnung mit ungesättigten Werten stellt im vorliegenden Fall im Gegensatz zu den früher betrachteten nur eine grobe Näherung dar. Es ist im allgemeinen nötig, bei der Berechnung von $x_d(j\lambda)$ die Sättigung zu berücksichtigen. Dies ist hier aber einfach. Da alle Schwingungsgrößen nach Voraussetzung klein sein sollen, bleiben alle magnetischen Flüsse in der Nähe der dem stationären Betrieb entsprechenden

Werte. Man kann daher die wirkliche Magnetisierungskurve durch ihre Tangente in dem dem stationären Betrieb entsprechenden Punkt P_0 (Abb. 26) ersetzen. Man hat dann bei der Berechnung von x_d, der Streukoeffizienten und der Zeitkonstanten der Längsachse statt des wirklichen Luftspaltes einen im Verhältnis $1 : \operatorname{tg} \varkappa$ vergrößerten Luftspalt einzusetzen. In diesem Kapitel wird vorausgesetzt, daß alle Längsfeldgrößen so berechnet seien. Für das Querfeld ist eine solche Korrektur normalerweise nicht nötig.

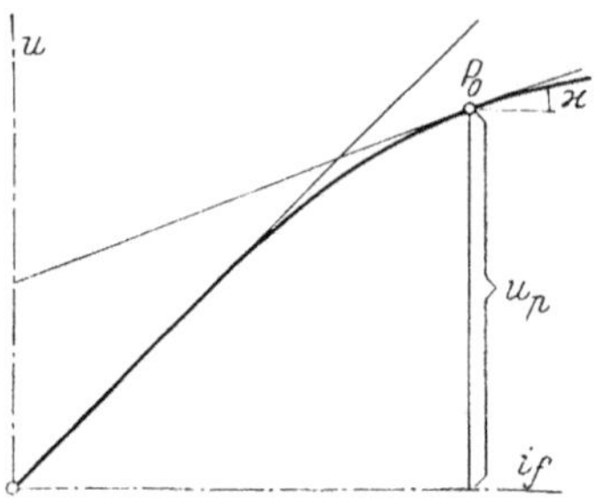

Abb. 26. Bestimmung des Ersatzluftspalts zur Berücksichtigung der Sättigung.

7.2. Erzwungene Schwingungen von Synchronmaschinen. Erzwungene Schwingungen kommen dadurch zustande, daß das Antriebsdrehmoment eines Synchrongenerators oder das Lastmoment eines Synchronmotors periodisch veränderlich ist. Die wichtigsten Beispiele sind Dieselgeneratoren (Abb. 27) und Motoren für den Antrieb großer Kolbenkompressoren. Zwar wird bei solchen Maschinen durch geeignete Versetzung der Kurbeln und Wahl des Arbeitstaktes der einzelnen Zylinder ein möglichst guter Ausgleich der Ungleichförmigkeit der Drehmomente der einzelnen Zylinder angestrebt. Manchmal ist er aber infolge zu kleiner Zylinderzahl nicht vollständig möglich oder er wird durch unregelmäßige Lastverteilung auf die einzelnen Zylinder gestört. Durch harmonische Analyse des Tangentialdruckdiagramms kann man in jedem einzelnen Fall die verschiedenen Komponenten des periodisch veränderlichen Drehmomentes bestimmen. Bei Viertakt-Verbrennungsmotoren können grundsätzlich alle Vielfachen der halben Umdrehungsfrequenz auftreten. Hier ist also

Abb. 27. Polrad eines Dieselgenerators für 2100 kVA, 257 U/min mit erhöhtem Schwungmoment und vollständiger Dämpferwicklung.

$$\lambda = y/2p\,. \tag{24}$$

Darin bedeuten p die Polpaarzahl der Synchronmaschine und y irgendeine ganze Zahl. Bei Zweitaktmotoren und Kolbenkompressoren kommen nur die Vielfachen der Umdrehungsfrequenz selbst vor. Hier ist also

$$\lambda = y/p\,. \tag{25}$$

In allen diesen Fällen erhält man als Bewegungsgleichung des Polrads

$$4\,\pi\,f \cdot H \cdot \frac{d^2\,\vartheta}{dt^2} + m = m_0 + \sum \mathrm{Re}\,(\overline{\mathfrak{m}}_\lambda \cdot e^{j\lambda t})\,. \tag{26}$$

Darin bedeuten m_0 den konstanten Mittelwert des Antriebs- (bzw. Last-) moments, $\mathfrak{m}_\lambda$ die Amplitude der harmonischen Komponente mit der bezogenen Frequenz λ. Führt man für ϑ den Gl. (5) entsprechenden Ansatz

$$\vartheta = t + (\delta_0 - \pi/2) + \sum \mathrm{Re}\,(\bar{\varepsilon}_\lambda \cdot e^{j\lambda t}) \tag{27}$$

in (26) ein, so erhält man für jede harmonische Komponente eine Gleichung der Form

$$(-\lambda^2 \cdot 4\,\pi\,f \cdot H + k_S + j\,\lambda \cdot k_D) \cdot \bar{\varepsilon}_\lambda = \overline{\mathfrak{m}}_\lambda\,. \tag{28}$$

Die Polradschwingung $\bar{\varepsilon}_\lambda$ vergleichen wir mit derjenigen $(\bar{\varepsilon}_{\lambda 0})$, die sich ohne Rückwirkung der Maschine (d. h. wenn diese mit offenen Klemmen läuft) ergeben würde. Für diese gilt

$$-\lambda^2 \cdot 4\,\pi\,f \cdot H \cdot \bar{\varepsilon}_{\lambda 0} = \overline{\mathfrak{m}}_\lambda\,. \tag{29}$$

Das Verhältnis

$$\bar{\zeta} = \bar{\varepsilon}_\lambda / \bar{\varepsilon}_{\lambda 0} = \frac{\lambda^2 \cdot 4\,\pi\,f \cdot H}{\lambda^2 \cdot 4\,\pi\,f \cdot H - k_S - j\,\lambda \cdot k_D} \tag{30}$$

ist ein Maß für den Einfluß der Synchronmaschine auf die Schwingung. Sein Betrag $|\zeta|$ heißt der Vergrößerungsfaktor oder „Resonanzmodul“. Wir führen noch die bezogene Eigenfrequenz

$$\nu = \sqrt{k_S / 4\,\pi\,f \cdot H} \tag{31}$$

und das Dämpfungsdekrement

$$\rho = \frac{k_D}{8\,\pi\,f \cdot H \cdot \nu} = \frac{k_D}{2\sqrt{4\,\pi\,f \cdot H \cdot k_S}} = \frac{k_D}{2\,k_S} \cdot \nu \tag{32}$$

ein. Dann können wir schreiben

$$\bar{\zeta} = \frac{\lambda^2}{\lambda^2 - \nu^2 - j\,2\,\rho \cdot \lambda \cdot \nu}\,. \tag{33}$$

Wird $\lambda = \nu$, so hat man Resonanz zwischen aufgedrückter Schwingung und Eigenschwingung. In diesem Fall wird

$$\bar{\zeta}_{Res} = j/2\rho\,. \tag{34}$$

Der Ausschlag des Polrads ist dann also nur noch durch den Wert von ρ begrenzt. Je kleiner dieses ist, desto schärfer ist die Resonanz. Häufig wird als Maß für die aufgedrückte Störung an Stelle der Drehmomentamplitude $|\overline{\mathfrak{m}}_\lambda|$ oder der Schwingungsamplitude $\overline{\varepsilon}_{\lambda 0}$ der sogenannte Ungleichförmigkeitsgrad υ_λ angegeben. Dieser ist definiert als die bezogene Drehzahlschwankung ohne Rückwirkung:

$$\upsilon_\lambda = (n_{max} - n_{min})/n_{mittel} = 2\,\lambda \cdot \varepsilon_{\lambda 0}\,. \tag{35}$$

Die Schwingungsamplitude der Maschine wird dann

$$\varepsilon_\lambda = |\overline{\zeta}| \cdot \varepsilon_{\lambda 0} = |\overline{\zeta}| \cdot \upsilon_\lambda / 2\lambda\,. \tag{36}$$

Es ist zu beachten, daß man aus Gl. (33) nicht unmittelbar die Frequenzabhängigkeit von $\overline{\zeta}$ ablesen kann, denn ν und ρ sind selbst Funktionen von λ. Für die erzwungenen Schwingungen interessiert übrigens diese Abhängigkeit weniger als diejenige vom Belastungszustand, von der Anordnung der Dämpferwicklung und ähnliches. Diese Abhängigkeiten sind ausschließlich in ν und ρ beziehungsweise in k_S und k_D enthalten. Die Frequenz ist durch die Drehzahl und die Art der Maschine gegeben. Meistens spielt die tiefste mögliche Frequenz [entsprechend $y = 1$ in (24) und (25)] die wichtigste Rolle. Wenn auch die entsprechende Ungleichförmigkeit durch richtigen Massenausgleich im ungestörten Betrieb nahezu verschwindet, so kann sie durch ungleiche Lastverteilung auf die Zylinder immer noch gefährliche Werte annehmen. Als Beispiel

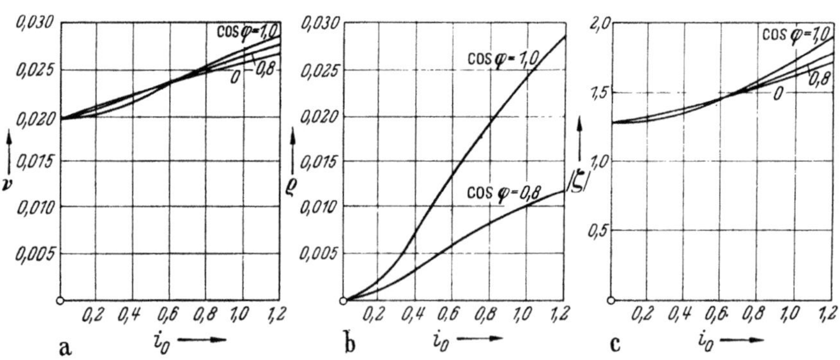

Abb. 28. Eigenfrequenz (a), Dämpfungsdekrement (b) und Resonanzmodul (c) eines Dieselgenerators ohne Dämpferwicklung. ($\lambda = 1/24$.)

sind in den Abb. 28 bis 30 einige Ergebnisse für einen 1600-kVA-Generator, angetrieben durch einen 4-Takt-Dieselmotor, dargestellt. Der Generator ist 24polig; der niedrigste Wert von λ ist also 1/24. Alle Kurven sind für diese Frequenz gezeichnet. Abb. 28 zeigt die Abhängigkeit der Eigenfrequenz ν, des Dämpfungsdekrements ρ und des

Resonanzmoduls ζ von der Belastung (i_0, cos φ), falls der Generator mit lamellierten Polen ohne Dämpferwicklung gebaut wäre. Abb. 29 zeigt dasselbe für den mit Dämpferwicklung ausgeführten Generator. (Man beachte beim Vergleich den verschiedenen Maßstab des Dämpfungs-

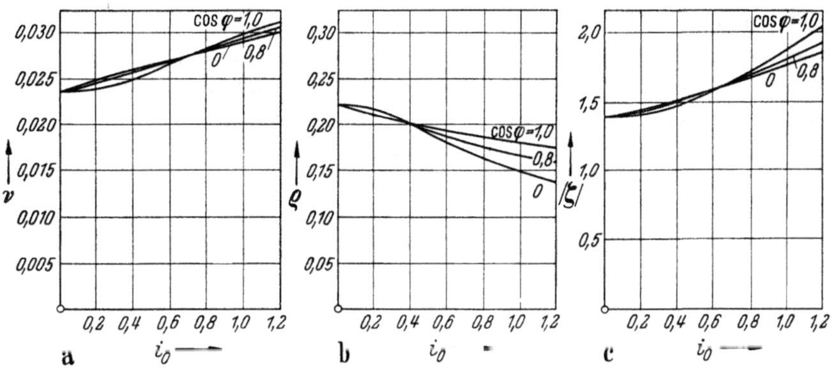

Abb. 29. Eigenfrequenz (a), Dämpfungsdekrement (b) und Resonanzmodul (c) eines Dieselgenerators mit Dämpferwicklung. ($\lambda = 1/24$.)

dekrements in Abb. 28b und 29b.) Man erkennt, daß in allen Fällen die Eigenfrequenz nur wenig vom cos φ der Belastung abhängt und mit zunehmendem Belastungsstrom etwas steigt. Solange man durch ge-

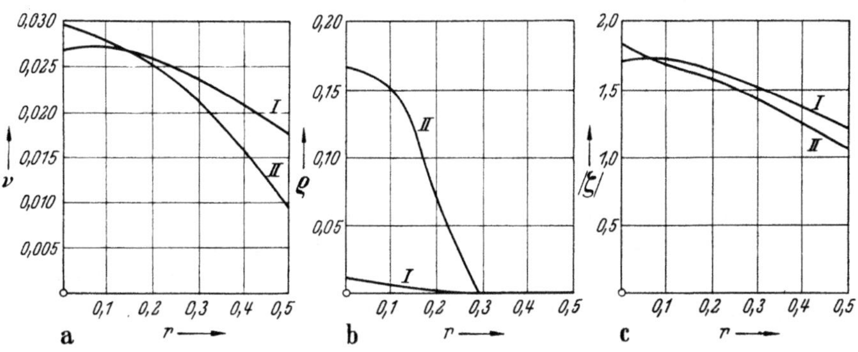

Abb. 30. Einfluß des Statorwiderstandes auf Eigenfrequenz (a), Dämpfungsdekrement (b) und Resonanzmodul (c) eines Dieselgenerators mit (II) oder ohne (I) Dämpferwicklung. (Bei Nennlast, cos $\varphi = 0{,}8$; $\lambda = \frac{1}{24}$.)

nügend großes Schwungmoment des Generators die unmittelbare Nähe der Resonanz vermeidet, ist die Größe des Resonanzmoduls in erster Linie durch die Eigenfrequenz bestimmt. Daher ist der Verlauf von ζ im großen ganzen ähnlich demjenigen von ν. Bei der Maschine ohne Dämpferwicklung hat man nur in der Längsachse die dämpfende Wirkung der Feldwicklung. Da der Beitrag der Längsachse zur Dämpfung nach Gl. (22) $\sin^2 \delta_0$ proportional ist, erhält man erst bei höherer Wirklast eine fühlbare Dämpfung. Bei schwacher Belastung oder vorwiegender Blindlast verschwindet ρ. Bei einer Maschine mit Dämpferwicklung erhält man hingegen eine starke Dämpfung, die nur wenig von der Belastung abhängt. Abb. 28 und 29 sind für vernachlässigten Statorwiderstand berechnet. Abb. 30 zeigt als Beispiel für einen bestimmten Belastungszustand ($i_0 = 1$; $\cos\varphi = 0{,}8$), wie sich die verschiedenen Größen bei endlichem Statorwiderstand ändern. Praktisch ist r stets unter 0,1. Dann ist sein Einfluß auf die erzwungenen Schwingungen so gering, daß man ihn ohne merklichen Fehler vernachlässigen darf. Man erkennt aber aus Abb. 30b, daß bei höherem Widerstand die Dämpfung verschwindet und sogar negativ wird, das heißt in eine Anfachung übergeht. Praktisch wählt man das Schwungmoment stets so groß, daß die Eigenfrequenz unter der tiefsten vorkommenden Frequenz der Drehmomentschwankungen bleibt. Dann entfernt man sich mit zunehmendem Widerstand wegen der sinkenden Eigenfrequenz von der Resonanz. Unter diesen Umständen bedeutet das Verschwinden der Dämpfung keine Gefahr.

Zur Lastabhängigkeit der Eigenfrequenz nach Abb. 28a und 29a sind noch einige Bemerkungen erforderlich. Trotzdem der leicht ansteigende Verlauf der Erfahrung entspricht, findet man in der Literatur noch häufig die Meinung vertreten, daß die Eigenfrequenz mit zunehmender Belastung sinke. Zu dieser irrtümlichen Auffassung wird man dadurch verleitet, daß man das synchronisierende Drehmoment durch Differentiation aus der stationären Drehmomentkurve ableitet. Das kommt darauf hinaus, daß man in Gl. (21) für die Synchronisierziffer $x_d(j\lambda)$ und $x_q(j\lambda)$ durch die stationären Werte x_d und x_q ersetzt. Da x_d größer als x_q ist, erhält man dann mit wachsendem Polradwinkel abnehmendes k_S. Für alle nicht ganz kleinen Maschinen ist aber die Zeitkonstante T_f bereits so groß, daß schon für die tiefsten in Frage kommenden Frequenzen $x_d(j\lambda)$ ungefähr gleich x_d' ist. Da dieser Wert immer kleiner als x_q ist, erhält man den aus Abb. 28a bzw. 29a ersichtlichen ansteigenden Verlauf von ν.

7.3. Stromschwankungen; Pendelreaktanz. Nachdem man die Amplitude ε der Polradschwingung gefunden hat, kann man aus den Gl. (11) bzw. (19) die Stromschwankungen berechnen. Diese Gleichungen geben die Schwankungen der Längs- und Querfeldkomponente des Stromes. Praktisch interessiert uns stärker die direkt beobachtbare Schwankung des Statorstroms. Den resultierenden Strangstrom erhalten wir aus

$$i_a = i_d \cdot \cos\vartheta - i_q \cdot \sin\vartheta\,.$$

Darin schwanken sowohl die Ströme i_d und i_q als auch der Winkel ϑ. Setzen wir ϑ nach Gl. (5) ein und beachten, daß der schwankende Anteil klein sein soll, so können wir schreiben

$$\left.\begin{aligned} \cos\vartheta &= \cos\left(t+\delta_0-\frac{\pi}{2}\right)-\mathrm{Re}\,(\bar{\varepsilon}\cdot e^{j\lambda t})\cdot\sin\left(t+\delta_0-\frac{\pi}{2}\right); \\ \sin\vartheta &= \sin\left(t+\delta_0-\frac{\pi}{2}\right)+\mathrm{Re}\,(\bar{\varepsilon}\cdot e^{j\lambda t})\cdot\cos\left(t+\delta_0-\frac{\pi}{2}\right). \end{aligned}\right\} \tag{37}$$

Läßt man die Produkte kleiner Größen wieder fort, so erhält man

$$\begin{aligned} \underline{i_a} &= [i_{d0}+\mathrm{Re}\,(\bar{\imath}_d\cdot e^{j\lambda t})]\cdot\cos\left(t+\delta_0-\frac{\pi}{2}\right)-i_{d0}\cdot\mathrm{Re}\,(\bar{\varepsilon}\cdot e^{j\lambda t})\cdot\sin\left(t+\delta_0-\frac{\pi}{2}\right)- \\ &\quad -[i_{q0}+\mathrm{Re}\,(\bar{\imath}_q\cdot e^{j\lambda t})]\cdot\sin\left(t+\delta_0-\frac{\pi}{2}\right)-i_{q0}\cdot\mathrm{Re}\,(\bar{\varepsilon}\cdot e^{j\lambda t})\cdot\cos\left(t+\delta_0-\frac{\pi}{2}\right) \\ &= \underline{\left\{i_{d0}+\mathrm{Re}[(\bar{\imath}_d-i_{q0}\cdot\bar{\varepsilon})\cdot e^{j\lambda t}]\right\}\cdot\cos\left(t+\delta_0-\frac{\pi}{2}\right)-} \\ &\quad \underline{-\left\{i_{q0}+\mathrm{Re}\,[(\bar{\imath}_q+i_{d0}\cdot\bar{\varepsilon})\cdot e^{j\lambda t}]\right\}\cdot\sin\left(t+\delta_0-\frac{\pi}{2}\right)}. \end{aligned} \tag{38}$$

Wegen der Schwingung des Polrades sind die Ströme i_d, i_q, $\bar{\imath}_d$, $\bar{\imath}_q$ selbst auf ein mitschwingendes Achsensystem d, q bezogen. Führen wir daneben ein ruhendes Achsensystem d′, q′ ein, das einer genau synchron mit dem mittleren Polradwinkel δ_0 rotierenden Synchronmaschine entspricht (Abb. 31), so können wir auf dieses Achsensystem bezogene fiktive Ströme

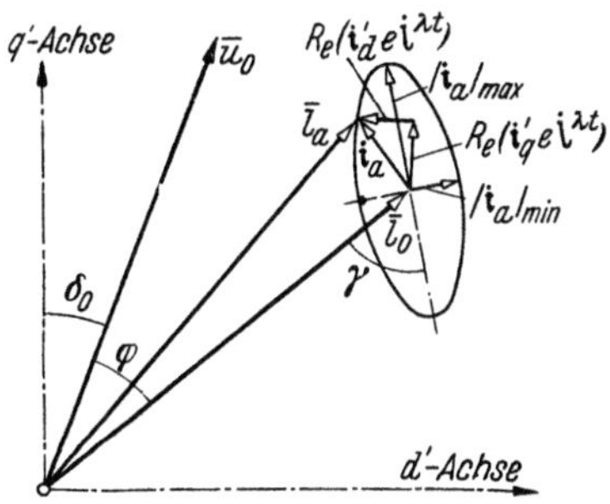

Abb. 31. Zeigerdiagramm einer pendelnden Synchronmaschine.

$$\left.\begin{aligned} i_d' &= i_{d0}+\mathrm{Re}\,(\bar{\imath}_d'\cdot e^{j\lambda t}), \\ i_q' &= i_{q0}+\mathrm{Re}\,(\bar{\imath}_q'\cdot e^{j\lambda t}) \end{aligned}\right\} \tag{39}$$

einführen, so daß

$$i_a = i_d'\cdot\cos\left(t+\delta_0-\frac{\pi}{2}\right)-i_q'\cdot\sin\left(t+\delta_0-\frac{\pi}{2}\right) \tag{40}$$

wird. Durch Vergleich mit (38) folgt:

$$\bar{\imath}_d' = \bar{\imath}_d - i_{q0}\cdot\bar{\varepsilon} \qquad \bar{\imath}_q' = \bar{\imath}_q + i_{d0}\cdot\bar{\varepsilon}. \tag{41}$$

Wir können nun das Zeigerdiagramm des Stators aufzeichnen (Abb. 31). Der Zeiger $\bar{\imath}_a$ des Statorstromes hat, bezogen auf die beiden Achsen d′ und q′, die Komponenten i_d' und i_q'. Er setzt sich also zusammen aus dem konstanten Anteil $\bar{\imath}_0$ und einem mit der Frequenz λ schwingenden Anteil $\bar{\mathfrak{i}}_a$:

$$\bar{\imath}_a = \bar{\imath}_0 + \bar{\mathfrak{i}}_a \,. \tag{42}$$

Der Zeiger $\bar{\mathfrak{i}}_a$ stellt die Resultierende zweier aufeinander senkrecht stehender Schwingungen $\bar{\mathfrak{i}}_d'$, $\bar{\mathfrak{i}}_q'$ gleicher Frequenz aber verschiedener Amplitude und Phase dar. Nach bekannten Gesetzen der Schwingungslehre bewegt sich daher die Spitze von $\bar{\mathfrak{i}}_a$ auf einer Ellipse mit dem Mittelpunkt in der Spitze von $\bar{\imath}_0$. Die Lage und Größe der Hauptachsen der Ellipse hängt in komplizierter Weise von den Amplituden und Phasen der Komponenten $\bar{\mathfrak{i}}_d'$ und $\bar{\mathfrak{i}}_q'$ ab. Die beiden Hauptachsen sind:

$$\left.\begin{matrix} |\mathfrak{i}_a|_{max} \\ |\mathfrak{i}_a|_{min} \end{matrix}\right\} = \frac{\sqrt{2}\cdot|\mathfrak{i}_d'\cdot\mathfrak{i}_q'|\cdot\sin|\arg(\mathfrak{i}_d'/\mathfrak{i}_q')|}{\sqrt{|\mathfrak{i}_d'|^2+|\mathfrak{i}_q'|^2 \mp \sqrt{|\mathfrak{i}_d'|^4+2\,|\mathfrak{i}_d'\cdot\mathfrak{i}_q'|^2\cdot\cos 2\,|\arg(\mathfrak{i}_d'/\mathfrak{i}_q')|+|\mathfrak{i}_q'|^4}}}\,. \tag{43}$$

Die Lage der Ellipse ist gegeben durch den Winkel γ zwischen der großen Achse und dem Zeiger $\bar{\imath}_0$:

$$\gamma = \varphi + \delta_0 - \frac{\pi}{2} + \frac{1}{2}\cdot\operatorname{arctg}\left(\frac{2\,|\mathfrak{i}_d'\cdot\mathfrak{i}_q'|\cdot\cos|\arg(\mathfrak{i}_d'/\mathfrak{i}_q')|}{|\mathfrak{i}_d'|^2-|\mathfrak{i}_q'|^2}\right). \tag{44}$$

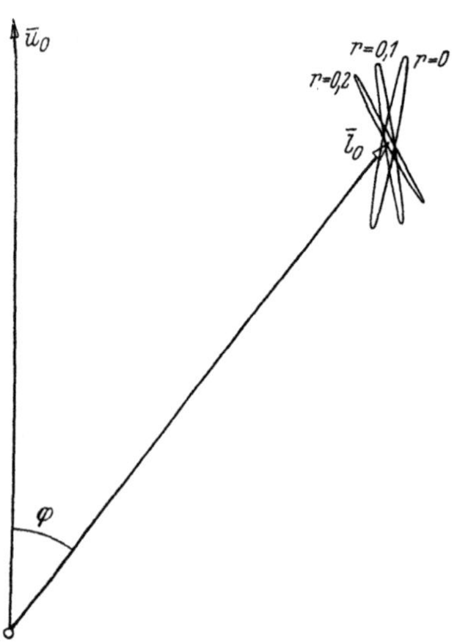

Abb. 32. Pendelung eines Dieselgenerators ohne Dämpferwicklung bei Aussetzen eines Zylinders.

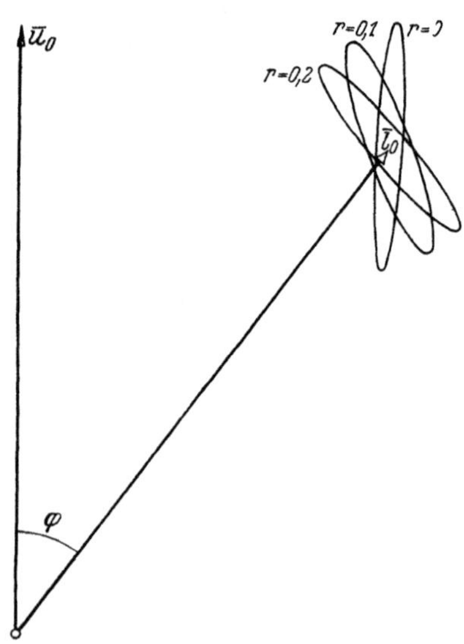

Abb. 33. Pendelung eines Dieselgenerators mit Dämpferwicklung bei Aussetzen eines Zylinders.

In Abb. 32 und 33 sind die Schwingungsellipsen nach obigen Formeln dargestellt für den Fall, daß der im letzten Abschnitt betrachtete Dieselgenerator um den mittleren Betriebspunkt $i_0 = 1$, $\cos\varphi = 0{,}8$ schwingt; Abb. 32 gilt für einen Generator ohne, Abb. 33 mit Dämpferwicklung. Die Schwingungsamplituden entsprechen dem Fall, daß ein Zylinder des Dieselmotors aussetzt, wobei für die Grundschwingung ($\lambda = 1/24$) ein Ungleichförmigkeitsgrad $\upsilon_0 = 0{,}003$ auftritt. Es sind je die Ellipsen für $r = 0$; $0{,}1$; $0{,}2$ gezeichnet. Der Einfluß des Widerstandes besteht hauptsächlich in einer Verdrehung der Ellipsen, während der Einfluß auf die Größe der Stromschwankung gering ist. Die Wirkung der Dämpferwicklung besteht in einer geringen Vergrößerung der Schwankungen, besonders aber in einer Verdickung der Ellipsen. Bei Betrieb in großem Abstand von der Resonanz bietet also die Dämpferwicklung keine Verbesserung. Sie ermöglicht aber, näher an die Resonanz heranzugehen, ohne daß die Schwingungsamplituden gefährliche Werte annehmen. Man kann daher bei einer Maschine mit Dämpferwicklung das Schwungmoment kleiner wählen. Dies ist besonders dann wichtig, wenn es auf kleines Gewicht der Maschine ankommt.

Die in diesem Abschnitt gefundenen exakten Ausdrücke für die Größe der Stromschwankungen beim Pendeln ermöglichen es, die sogenannte Pendelreaktanz zu bestimmen. Diese Größe spielt in der älteren Literatur über Schwingungen von Synchronmaschinen eine große Rolle. Sie ist aber auch heute noch von Wert, da sie eine wenigstens angenäherte Behandlung vieler Probleme (z. B. Schwingungen mehrerer Maschinen gegeneinander) ermöglicht, deren exakte Behandlung äußerst kompliziert wäre. Dem Begriff der Pendelreaktanz liegt die Annahme zugrunde, daß es in der Maschine eine Flußverkettung $\psi_\sim$ gebe, die beim Pendeln ihrer Größe nach konstant bleibe und die Schwingung des Polrades mitmache. Das Zeigerdiagramm einer pendelnden Synchronmaschine ist unter dieser Annahme in Abb. 34 gezeichnet. Der Statorwiderstand wurde dabei vernachlässigt. Die Flußverkettung $\psi_\sim$ induziert in der Statorwicklung eine EMK, die sogenannte Pendel-EMK. Der Unterschied zwischen dieser und der Klemmenspannung u_0 ist der induktive Spannungsabfall des Statorstromes in der Pendelreaktanz $x_\sim$. Wir definieren nun $x_\sim$ so, daß die auf Grund des Diagramms Abb. 34 berechnete Stromschwankung der Größe nach mit der am Anfang dieses Abschnitts exakt berechneten übereinstimmt.

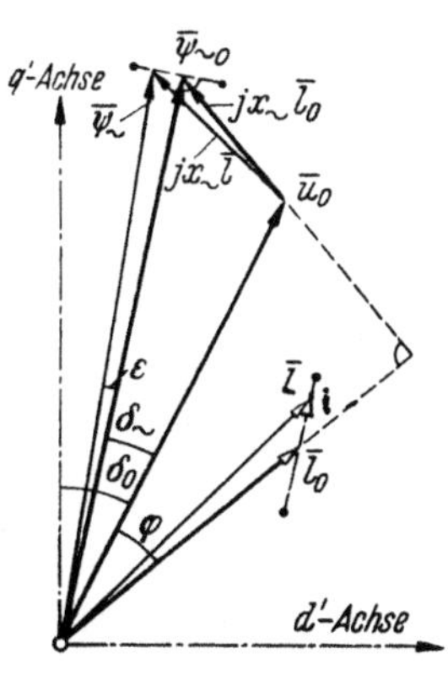

Abb. 34. Zur Definition der Pendelreaktanz.

Dem Zeigerdiagramm Abb. 34 entspricht die Gleichung:

$$\bar\psi_\sim = \bar u_0 + j\,x_\sim \cdot \bar i = \bar u_0 + j\,x_\sim \cdot (\bar i_0 + \bar \imath)\,. \tag{45}$$

Da die Größe von $\psi_\sim$ voraussetzungsgemäß konstant ist, wird für kleine Schwingungen:

$$\overline{\psi}_\sim = \overline{\psi}_{\sim 0} \cdot (1 + \mathrm{j}\,\varepsilon)\,. \tag{46}$$

Setzt man dies in (45) ein und beachtet die Gleichung für den stationären Zustand

$$\overline{\psi}_{\sim 0} = \overline{u}_0 + \mathrm{j}\,\mathrm{x}_\sim \overline{i}_0\,, \tag{47}$$

so erhält man die Stromschwankung

$$\overline{\mathrm{i}} = (\overline{\psi}_{\sim 0}/\mathrm{x}_\sim) \cdot \varepsilon\,. \tag{48}$$

Bei Vernachlässigung des Statorwiderstandes ist die Phasendifferenz zwischen $\overline{\mathrm{i}}_\mathrm{d}'$ und $\overline{\mathrm{i}}_\mathrm{q}'$ klein. Dann kann man mit guter Annäherung schreiben [siehe Gl. (19) und (41)]:

$$|\overline{\mathrm{i}}_\mathrm{a}/\varepsilon| = \sqrt{|\mathrm{i}_\mathrm{d}'/\varepsilon|^2 + |\mathrm{i}_\mathrm{q}'/\varepsilon|^2} = \sqrt{|\psi_{\mathrm{q}0}/\mathrm{x}_\mathrm{d}(\mathrm{j}\,\lambda) - i_{\mathrm{q}0}|^2 + |\psi_{\mathrm{d}0}/\mathrm{x}_\mathrm{q}(\mathrm{j}\,\lambda) - i_{\mathrm{d}0}|^2}\,. \tag{49}$$

Aus (47) und (48) erhält man anderseits:

$$\underline{|\overline{\mathrm{i}}/\varepsilon|} = |\overline{\psi}_{\sim 0}/\mathrm{x}_\sim| = 1/\mathrm{x}_\sim \cdot \sqrt{u_0^2 + 2\,u_0 \cdot i_0 \cdot \mathrm{x}_\sim \cdot \sin\varphi + i_0^2 \cdot \mathrm{x}_\sim^2}$$
$$= \underline{1/\mathrm{x}_\sim \cdot \sqrt{u_0^2 + 2\,q_0 \cdot \mathrm{x}_\sim + i_0^2 \cdot \mathrm{x}_\sim^2}}\,. \tag{50}$$

Stellt man nun die Forderung auf, daß die beiden Ausdrücke (49) und (50) gleich sein sollen, so ergibt sich für $\mathrm{x}_\sim$ die quadratische Gleichung:

$$\underline{(|\mathrm{i}_\mathrm{a}/\varepsilon|^2 - i_0^2) \cdot \mathrm{x}_\sim^2 - 2\,q_0 \cdot \mathrm{x}_\sim - u_0^2 = 0}\,. \tag{51}$$

Praktische Bedeutung hat natürlich nur die positive Wurzel dieser Gleichung. Im Leerlauf ist allgemein $i_0 = i_{\mathrm{d}0} = i_{\mathrm{q}0} = \psi_{\mathrm{q}0} = q_0 = 0$, $\psi_{\mathrm{d}0} = -\,u_0$, und daher

$$\mathrm{x}_\sim = |\mathrm{x}_\mathrm{q}(\mathrm{j}\,\lambda)|\,. \tag{52}$$

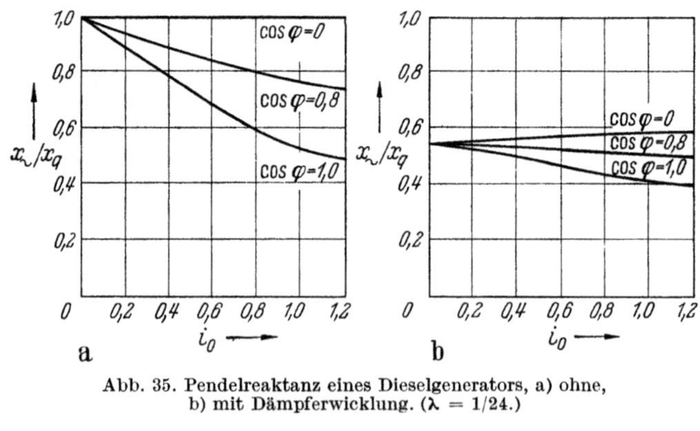

Abb. 35. Pendelreaktanz eines Dieselgenerators, a) ohne, b) mit Dämpferwicklung. ($\lambda = 1/24$.)

In den Abb. 35a und b ist die Abhängigkeit von $\mathrm{x}_\sim/\mathrm{x}_\mathrm{q}$ von der Belastung für den bereits als Beispiel benutzten Dieselgenerator dargestellt; in a ohne, in b mit Dämpferwicklung. Ohne Dämpferwicklung hängt danach die Pendelreaktanz ziemlich stark von der Belastung ab, mit Dämpferwicklung ist sie allgemein kleiner, aber weniger stark veränderlich. Es ist zu beachten, daß $x_{\sim}$ außer von der Belastung auch noch von der Pendelfrequenz abhängt. Abb. 35 gilt, wie alle Beispiele dieses und des vorausgegangenen Abschnitts, für die Frequenz $\lambda = 1/24$ (2,08 Per./s).

7.4. Freie Schwingungen. Wir haben bereits im vorletzten Abschnitt gesehen, daß mit wachsendem Widerstand die Dämpfung abnimmt und schließlich negativ wird (Abb. 30b). Das deutet darauf hin, daß unter passenden Umständen auch ohne Ungleichförmigkeit im Drehmoment Schwingungen des Polrades auftreten können. Solche werden tatsächlich beobachtet, besonders wenn eine Maschine über eine verhältnismäßig schwache Leitung mit einem großen Netz parallel läuft. Der Leitungswiderstand ist dann zum Statorwiderstand hinzuzurechnen. Man erhält daher unter diesen Umständen leicht ziemlich große Werte von r. Bei gleichförmigem Drehmoment erhält man an Stelle von Gl. (28) die Bewegungsgleichung

$$(-\lambda^2 \cdot 4\pi f \cdot H + k_S + j\lambda \cdot k_D) \cdot \bar{\varepsilon}_\lambda = 0 \, .$$

Ein endlicher Schwingungsausschlag ist nur möglich, wenn der Faktor von $\bar{\varepsilon}_\lambda$ verschwindet. Die Bedingung für freie Schwingungen lautet also:

$$-\lambda^2 4\pi f \cdot H + k_S + j\lambda \cdot k_D = 0 \, . \tag{53}$$

In dieser Gleichung ist λ nicht mehr bekannt, sondern muß so bestimmt werden, daß die Gl. (53) erfüllt wird. Das ist ziemlich schwierig, da k_S und k_D im allgemeinen selbst komplizierte Funktionen von λ sind. Der linke Teil von (53) stellt für irgendeinen Wert von λ eine komplexe Zahl dar. Eine solche kann nur Null sein, wenn der reelle und der imaginäre Teil je für sich gleich Null sind. Gl. (53) zerfällt also in die beiden Gleichungen

$$k_S - \lambda^2 \cdot 4\pi f \cdot H = 0 \, , \qquad k_D = 0 \, . \tag{54}$$

Die Bedingung dafür, daß freie Schwingungen auftreten, ist, daß diese beiden Gleichungen gleichzeitig erfüllt sind. Setzt man k_S und k_D nach Gl. (15) ein, so erhält man als reellen und als imaginären Teil je einen Ausdruck 4. Grades in r. Denkt man sich λ gegeben, so stellen diese beiden Gleichungen je eine Gleichung 4. Grades für r dar. Diejenige Gleichung, die aus der ersten Gl. (54) hervorgeht, habe für den angenommenen Wert von λ eine positive Wurzel $r^{(1)}$, die zweite eine positive Wurzel $r^{(2)}$. Diese beiden Werte werden im allgemeinen ungleich sein. Wir denken uns jetzt die gleiche Rechnung mit andern Werten von λ

wiederholt und tragen die beiden Werte $r^{(1)}$ und $r^{(2)}$ als Funktionen von λ auf. Es ergeben sich zwei Kurven, die sich möglicherweise für einen bestimmten Wert λ_k schneiden. Zum Schnittpunkt P_k gehört ein bestimmter Wert r_k (Abb. 36). Für dieses Wertepaar λ_k, r_k sind die beiden Gl. (54) gleichzeitig erfüllt. r_k ist der kritische Widerstand, bei dem die freien Schwingungen einsetzen, λ_k die Frequenz, mit der sie auftreten. Schneiden sich die beiden Kurven für $r^{(1)}$ und $r^{(2)}$ nicht, so bedeutet das, daß für den betreffenden Betriebszustand bei keinem Wert von r freie Schwingungen auftreten. Das geschilderte Verfahren führt zur numerischen Untersuchung eines konkreten Falles immer zum Ziel. Es ist aber zeitraubend und läßt den Einfluß der einzelnen Größen erst nach Durchrechnung vieler Varianten erkennen. Es ist daher nützlich, einige Grenzfälle zu betrachten, in denen die Rechnung einfacher wird. Wir beschränken uns zuerst auf den Fall, daß r zwar nicht mehr vernachlässigbar aber doch noch so klein sei, daß in Gl. (15) die Glieder mit r klein bleiben gegenüber den Gliedern, die r nicht enthalten. Ferner vernachlässigen wir λ^2 gegen 1. Dann können wir angenähert schreiben:

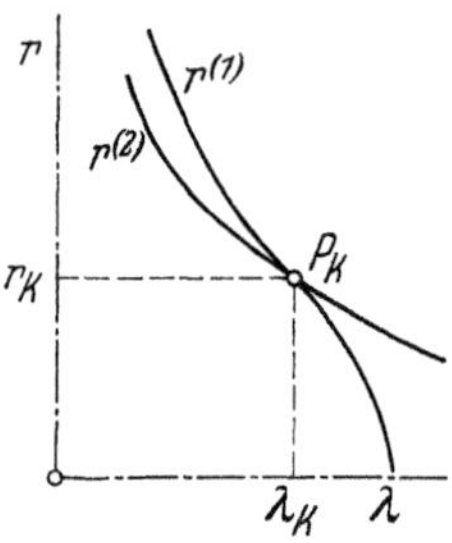

Abb. 36. Bestimmung des kritischen Widerstandes.

$$k_S + j\lambda\cdot k_D = q_0 + \frac{\psi^2_{do}}{x_q(j\lambda)} + \frac{\psi^2_{qo}}{x_d(j\lambda)} - j\lambda r\cdot\left[\left(\frac{\psi_{do}}{x_q(j\lambda)} - i_{do}\right)^2 + \left(\frac{\psi_{qo}}{x_d(j\lambda)} - i_{qo}\right)^2\right] - $$
$$- r^2\cdot\left[\frac{1}{x_d(j\lambda)}\cdot\left(\frac{\psi_{do}}{x_q(j\lambda)} - i_{do}\right)^2 + \frac{1}{x_q(j\lambda)}\cdot\left(\frac{\psi_{qo}}{x_d(j\lambda)} - i_{qo}\right)^2\right]. \tag{55}$$

Wir beschränken uns auf den Fall einer Maschine ohne Dämpferwicklung. Für diese können wir im in Frage kommenden Bereich von λ (0,01 ... 0,05) schreiben:

$$\left.\begin{aligned} \frac{1}{x_d(j\lambda)} &= \frac{1 + j\lambda T_f}{x_d + x_d'\cdot j\lambda T_f} \approx \frac{1}{x_d'} + j\cdot\frac{x_d - x_d'}{\lambda T_f\cdot x_d'^2} \\ \frac{1}{x_q(j\lambda)} &= \frac{1}{x_q}, \end{aligned}\right\} \tag{56}$$

und da der imaginäre Teil von $1/x_d(j\lambda)$ klein gegenüber dem reellen ist:

$$\left.\begin{aligned} k_S &\approx q_0 + \frac{\psi^2_{do}}{x_q} + \frac{\psi^2_{qo}}{x_d'} - r^2\cdot\left[\frac{1}{x_d'}\left(\frac{\psi_{do}}{x_q} - i_{do}\right)^2 + \frac{1}{x_q}\left(\frac{\psi_{qo}}{x_d'} - i_{qo}\right)^2\right] \\ k_D &\approx \frac{1}{\lambda^2\cdot T_f}\cdot(x_d - x_d')\cdot\left(\frac{\psi_{qo}}{x_d'}\right)^2 - r\cdot\left[\left(\frac{\psi_{do}}{x_q} - i_{do}\right)^2 + \left(\frac{\psi_{qo}}{x_d'} - i_{qo}\right)^2\right] \end{aligned}\right\} \tag{57}$$

Im Gültigkeitsbereich der getroffenen Vereinfachungen (r und λ klein) ist k_s von λ unabhängig und von r nur schwach abhängig. Die Frequenz der Schwingungen ist daher bestimmt aus $\lambda = \sqrt{k_S / 4\pi f\cdot H}$.

Daher erhalten wir die Stabilitätsbedingung

$$k_D \approx \frac{4\,\pi f \cdot H}{k_S \cdot T_f} \cdot (x_d - x_d') \cdot \left(\frac{\psi_{qo}}{x_d'}\right)^2 - r \cdot \left[\left(\frac{\psi_{do}}{x_q} - i_{do}\right)^2 + \left(\frac{\psi_{qo}}{x_d'} - i_{qo}\right)^2\right] > 0. \quad (58)$$

Man erkennt, daß k_D mit wachsendem Widerstand abnimmt. Der kritische Widerstand r_k, bei dem die Dämpfung verschwindet, ist um so größer, je größer das positive erste Glied von k_D ist. Ein Einfluß der Belastung der Maschine äußert sich hauptsächlich in dem Faktor $(\psi_{qo}/x_d')^2$. In Abb. 37 ist die Abhängigkeit des kritischen Widerstandes r_k vom Belastungszustand für einen Generator ohne Dämpferwicklung dargestellt. Aus Gl. (58) sieht man, daß sich für einen bestimmten Belastungszustand der kritische Wert r_k vergrößern läßt durch Vergrößerung von H, das heißt durch Erhöhung des Trägheitsmoments der rotierenden Massen. Dieses Mittel wird manchmal mit Erfolg angewandt, um in einem kritischen Fall die Stabilität gerade noch zu erreichen. Durch unbegrenzte Vergrößerung von H läßt sich aber r_k nicht unbegrenzt vergrößern, wie man aus Gl. (58) vermuten könnte. Bei größerem r treten neue Glieder hinzu, die den Zusammenhang verändern. Mit wachsendem H wird schließlich eine Grenze erreicht, wo r_k nicht mehr zunimmt, sondern schließlich für manche Belastungszustände sogar wieder abnimmt. Wir sehen aus Gl. (58) und Abb. 37, daß bei erheblicher Wirklast auch bei Maschinen ohne Dämpferwicklung und nicht übertrieben großen Werten von r keine Gefahr der selbsterregten Pendelungen vorhanden ist. Sie wird aber um so größer, je mehr man sich reiner Blindlast nähert. Bei dieser verschwindet (wegen $\psi_{qo} = 0$) der positive Anteil von k_D überhaupt. Eine Maschine ohne Dämpferwicklung ist also als reine Blindlastmaschine (Phasenschieber) nicht geeignet. Tatsächlich ist allerdings auch bei Maschinen ohne Dämpferwicklung durch Wirbelströme eine schwache Querfelddämpfung vorhanden, so daß bei ganz kleinem Widerstand der Phasenschieberbetrieb gerade noch möglich wird.

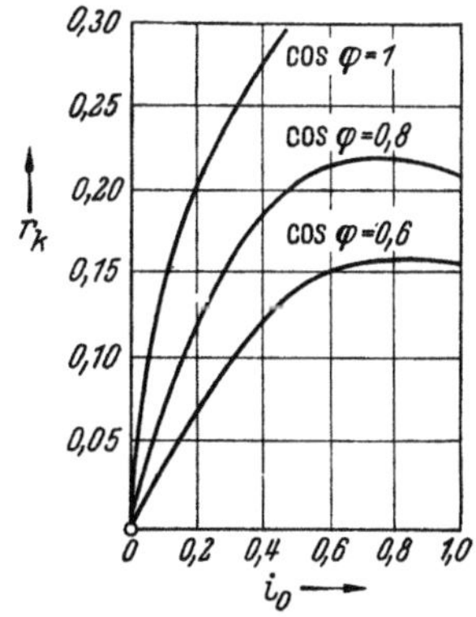

Abb. 37. Kritischer Widerstand eines Generators ohne Dämpferwicklung.

Wir sehen aber auf alle Fälle, daß der Phasenschieberbetrieb bezüglich selbsterregter freier Schwingungen besonders gefährlich ist. Wir wollen uns daher darauf beschränken, die Wirkung einer Dämpferwicklung für diesen Betriebsfall zu untersuchen. Bei reiner Blindlast ist das Drehmoment Null. Daher ist

$$\left.\begin{array}{ccc} & \psi_{qo} = i_{qo} = 0\,, & \\ -\psi_{do} = \psi_o\,, & i_{do} = i_o\,, & q_o = \psi_o \cdot i_o\,. \end{array}\right\} \quad (59)$$

Setzt man das in Gl. (15) ein, so erhält man nach Trennung des reellen und imaginären Teils die beiden quadratischen Gleichungen:

$$\left.\begin{aligned} r^2 \cdot a_0^{(1)} + r \cdot a_1^{(1)} - a_2^{(1)} = 0\,, \\ r^2 \cdot a_0^{(2)} + r \cdot a_1^{(2)} - a_2^{(2)} = 0 \end{aligned}\right\} \quad (60)$$

mit

$$\left.\begin{aligned} a_0^{(1)} &= (\psi_0 i_0 + \lambda^2 \cdot 4\pi f \cdot H) \cdot \mathrm{Re}\left(\frac{1}{x_d(j\lambda)\cdot x_q(j\lambda)}\right) + i_0^2 \cdot \mathrm{Re}\left(\frac{1}{x_d(j\lambda)}\right), \\ a_0^{(2)} &= (\psi_0 i_0 + \lambda^2 \cdot 4\pi f \cdot H) \cdot \mathrm{Im}\left(\frac{1}{x_d(j\lambda)\cdot x_q(j\lambda)}\right) + i_0^2 \cdot \mathrm{Im}\left(\frac{1}{x_d(j\lambda)}\right). \end{aligned}\right\} \quad (61)$$

$$\left.\begin{aligned} a_1^{(1)} &= \lambda \cdot \left[-2\psi_0 i_0 \cdot \mathrm{Im}\left(\frac{1}{x_q(j\lambda)}\right) + \psi_0^2 \cdot \mathrm{Im}\left(\frac{1}{x_d(j\lambda)\cdot x_q(j\lambda)}\right) + \right. \\ &\quad \left. + (\psi_0 i_0 - \lambda^2 \cdot 4\pi f \cdot H) \cdot \mathrm{Im}\left(\frac{1}{x_d(j\lambda)} + \frac{1}{x_q(j\lambda)}\right)\right], \\ a_1^{(2)} &= \lambda \cdot \left[i_0^2 + 2\psi_0 i_0 \cdot \mathrm{Re}\left(\frac{1}{x_q(j\lambda)}\right) - \psi_0^2 \cdot \mathrm{Re}\left(\frac{1}{x_d(j\lambda)\cdot x_q(j\lambda)}\right) - \right. \\ &\quad \left. - (\psi_0 i_0 - \lambda^2 \cdot 4\pi f \cdot H) \cdot \mathrm{Re}\left(\frac{1}{x_d(j\lambda)} + \frac{1}{x_q(j\lambda)}\right)\right]. \end{aligned}\right\} \quad (62)$$

$$\left.\begin{aligned} a_2^{(1)} &= (1-\lambda^2) \cdot \left[\psi_0^2 \cdot \mathrm{Re}\left(\frac{1}{x_q(j\lambda)}\right) + \psi_0 i_0 - \lambda^2 \cdot 4\pi f \cdot H\right], \\ a_2^{(2)} &= (1-\lambda^2) \cdot \psi_0^2 \cdot \mathrm{Im}\left(\frac{1}{x_q(j\lambda)}\right). \end{aligned}\right\} \quad (63)$$

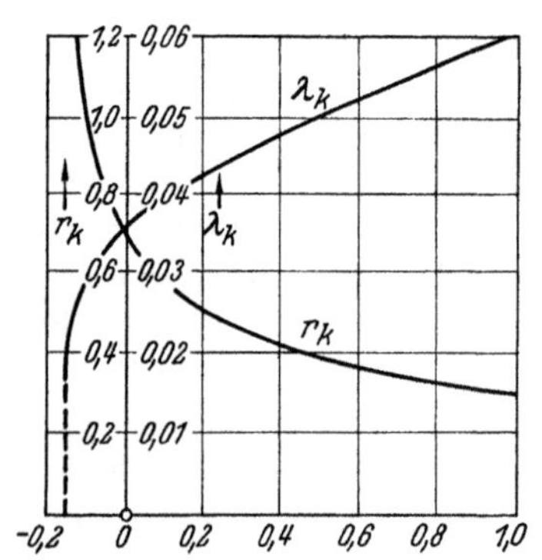

Abb. 38.
Kritischer Widerstand einer großen Blindleistungsmaschine mit Dämpferwicklung.

In entsprechender Weise, wie es für den allgemeinen Fall in Abb. 36 dargestellt wurde, erhält man den kritischen Widerstand r_k und die zugehörige Frequenz λ_k als Schnittpunkt der Kurven $r^{(1)}$ und $r^{(2)}$ der positiven Wurzeln der beiden Gl. (60) in Funktion von λ. Diese Werte sind für eine große Maschine in Abb. 38 in Funktion der abgegebenen Blindleistung aufgetragen. Je höher diese ist, d. h. je stärker die Maschine erregt ist, desto kleiner ist der kritische Widerstand. Die Maschine der Abb. 38 hat eine gute Dämpferwicklung. Daher ist auch bei Belastung mit der vollen Nennleistung der Wert von r_k noch größer als der Widerstand einer richtig bemessenen Leitung. Bei einer schwachen Dämpferwicklung (Polgitter) braucht das aber nicht der Fall zu sein. Bei Untererregung wächst $\mathfrak{r}_k$ und wird schließlich unendlich, während λ_k gleichzeitig abnimmt.

7.5. Kleine Störungen des stationären Betriebs. Im Anschluß an die Behandlung der kleinen Schwingungen wollen wir noch kurz auf den Fall eingehen, wo sich dem stationären Betrieb eine zeitlich irgendwie verlaufende Störung überlagert, deren Beitrag zu den Strömen, Flüssen und dem Drehmoment aber immer klein gegenüber den Werten des stationären Betriebs bleibt. Als Störungen solcher Art lassen sich im allgemeinen alle Reguliervorgänge auffassen.

Wir nehmen also wieder an, daß sich alle Größen aus einem zeitlich konstanten und einem kleinen, zeitlich veränderlichen Anteil zusammensetzen und schreiben daher:

$$u_d = u_{do} + \mathfrak{u}_d\,, \qquad u_q = u_{qo} + \mathfrak{u}_q\,. \tag{64}$$

$$i_d = i_{do} + \mathfrak{i}_d\,, \qquad i_q = i_{qo} + \mathfrak{i}_q\,. \tag{65}$$

$$\psi_d = \psi_{do} + \Delta\psi_d\,, \qquad \psi_q = \psi_{qo} + \Delta\psi_q\,. \tag{66}$$

$$\delta = \delta_0 + \varepsilon\,. \tag{67}$$

Die Winkelgeschwindigkeit des Polrades

$$d\vartheta/dt = 1 - s = 1 + d\delta/dt = 1 + d\varepsilon/dt$$

sei stets nur wenig von 1 verschieden. Der Schlupf

$$s = -\,d\varepsilon/dt \tag{68}$$

bleibt also klein. Dann können wir wieder die Produkte kleiner Größen vernachlässigen. Die Spannungsgleichungen zerfallen in die stationären Gl. (7) und den Rest:

$$\left.\begin{aligned} \mathfrak{u}_d &= -\,\mathfrak{i}_d \cdot r - d\Delta\psi_d/dt + \Delta\psi_q - s \cdot \psi_{qo}\,,\\ \mathfrak{u}_q &= -\,\mathfrak{i}_q \cdot r - d\Delta\psi_q/dt - \Delta\psi_d + s \cdot \psi_{do}\,. \end{aligned}\right\} \tag{69}$$

Wir setzen voraus, daß die Störung an den stationären Betrieb anschließe. Die Anfangswerte der Ströme und Flußverkettungen sind daher die stationären Werte i_{do}, i_{qo}, ψ_{do}, ψ_{qo}. Transformieren wir die Gl. (69) in den Bildbereich, so wird daher

$$\left.\begin{aligned} \tilde{\mathfrak{u}}_d &= -\,\tilde{\mathfrak{i}}_d \cdot r - p \cdot \Delta\tilde{\psi}_d + \Delta\tilde{\psi}_q - \tilde{s} \cdot \psi_{qo}\,,\\ \tilde{\mathfrak{u}}_q &= -\,\tilde{\mathfrak{i}}_q \cdot r - p \cdot \Delta\tilde{\psi}_q - \Delta\tilde{\psi}_d + \tilde{s} \cdot \psi_{do} \end{aligned}\right\} \tag{70}$$

mit $\qquad \Delta\tilde{\psi}_d = \tilde{\mathfrak{i}}_d \cdot x_d(p) - \tilde{\mathfrak{u}}_f \cdot G_f(p)$

und $\qquad \Delta\tilde{\psi}_q = \tilde{\mathfrak{i}}_q \cdot x_q(p)\,.$ (71)

Für das elektrische Drehmoment der Maschine erhalten wir den Ausdruck:

$$\mathfrak{m} = \psi_q \cdot i_d - \psi_d \cdot i_q = \psi_{qo} \cdot i_{do} - \psi_{do} \cdot i_{qo} + \psi_{qo} \cdot \mathfrak{i}_d - \psi_{do} \cdot \mathfrak{i}_q + i_{do} \cdot \Delta\psi_q - i_{qo} \cdot \Delta\psi_d$$
$$= \mathfrak{m}_o + \mathfrak{m}. \qquad (72)$$

Darin ist $\mathfrak{m}_o$ das stationäre Drehmoment, $\mathfrak{m}$ der Beitrag der kleinen Störung. Setzt man die Gl. (71) ein, so läßt sich die Bildfunktion von $\mathfrak{m}$ schreiben:

$$\tilde{\mathfrak{m}} = [\psi_{qo} - i_{qo} \cdot x_d(p)] \cdot \tilde{\mathfrak{i}}_d + [-\psi_{do} + i_{do} \cdot x_q(p)] \cdot \tilde{\mathfrak{i}}_q + i_{qo} \cdot G_f(p) \cdot \tilde{\mathfrak{u}}_f. \qquad (73)$$

Das Antriebsdrehmoment (unter der Voraussetzung, daß die betrachtete Maschine ein Generator sei) wird

$$\mathfrak{m}_A = \mathfrak{m}_o + \mathfrak{m}_A. \qquad (74)$$

Der konstante Anteil ist natürlich gleich dem stationären elektrischen Drehmoment. Der Beitrag $\mathfrak{m}_A$ der Störung hängt im allgemeinen ausschließlich von der Drehzahl bzw. vom Schlupf s ab; die Art des Zusammenhangs ist durch den Aufbau des Kraftmaschinenreglers gegeben. Für kurzzeitige Vorgänge, wo der Regler noch nicht zur Wirkung kommt, reduziert sich $\mathfrak{m}_A$ auf den Beitrag der Selbstregelung

$$\mathfrak{m}_A = c \cdot s. \qquad (75)$$

Der Proportionalitätsfaktor c hat für alle Turbomaschinen die Größenordnung 1.

Stellt man die Bewegungsgleichung auf und setzt die Ausdrücke (72) und (74) ein, so erhält man:

$$-4\pi f \cdot H \cdot ds/dt + \mathfrak{m} = \mathfrak{m}_A \qquad (76)$$

oder im Bildbereich

$$-4\pi f \cdot H \cdot p \cdot (\tilde{s} - s_o) + \tilde{\mathfrak{m}} = \tilde{\mathfrak{m}}_A. \qquad (77)$$

Das Störungsglied der Feldspannung $\tilde{\mathfrak{u}}_f$ in den Gl. (71) und (73) wird in erster Linie durch den Spannungsregler der Maschine bedingt. $\tilde{\mathfrak{u}}_f$ ist also im allgemeinen eine Funktion der Klemmenspannung, also von $\tilde{\mathfrak{u}}_d$ und $\tilde{\mathfrak{u}}_q$, deren genaue Form vom Aufbau des Spannungsreglers abhängt. Ist die Erregermaschine direkt mit der Synchronmaschine gekuppelt, so kommt außerdem ein kleiner Beitrag, der vom Schlupf abhängt, hinzu. Die Gl. (70), (71), (73) und (77) zusammen mit den Gleichungen des Kraftmaschinenreglers und des Spannungsreglers bilden die Ausgangsgleichungen für die Untersuchung beliebiger Reguliervorgänge. Ein näheres Eingehen auf diese würde aber den Rahmen dieser Arbeit weit überschreiten.

Sieht man von allen Reglereinflüssen ab, so hat man $\mathfrak{u}_f$ und $\mathfrak{m}_A$ Null zu setzen. Betrachtet man eine Maschine, die mit einem starren Netz parallel läuft, so ist entsprechend den Gl. (9)

$$\mathfrak{u}_d = u_{qo} \cdot \varepsilon\,, \qquad \mathfrak{u}_q = -u_{do} \cdot \varepsilon\,. \tag{78}$$

Setzt man das in (70) und (71) ein und löst nach $\mathfrak{i}_d$ und $\mathfrak{i}_q$ auf, so erhält man nach Einsetzen in die Bewegungsgleichung (77):

$$\begin{aligned}\{4\pi f \cdot H \cdot p^2 \cdot \Delta(p) + [\psi^2_{do}\, x_d(p) + \psi^2_{qo}\, x_q(p) + q_o\, x_d(p)\, x_q(p)] \cdot (p^2+1) + \\ + r \cdot p \cdot \{\psi_o^2 + (\psi_{qo} i_{qo} - \psi_{do} i_{do}) \cdot [x_q(p) - x_d(p)] - \\ - i_o^2 x_d(p)\, x_q(p)\} - r^2 \cdot [q_o + i_{qo}^2 x_d(p) + i_{do}^2 x_q(p)]\} \cdot \tilde{\varepsilon} \\ = \{4\pi f \cdot H \cdot p \cdot \Delta(p) + [\psi_{do}^2\, x_d(p) + \psi_{qo}^2\, x_q(p) + q_o\, x_d(p)\, x_q(p)] \cdot p - \\ - m_o\, x_d(p)\, x_q(p) - \psi_{do}\, \psi_{qo}\, [x_q(p) - x_d(p)] + r \cdot [\psi_o^2 - \psi_{do}\, i_{do}\, x_q(p) - \\ - \psi_{qo}\, i_{qo}\, x_d(p)]\} \cdot p\, \varepsilon_o - 4\pi f \cdot H \cdot p \cdot \Delta(p) \cdot s_o\,.\end{aligned} \tag{79}$$

Darin steht $\Delta(p)$ als Abkürzung für

$$\Delta(p) = x_d(p) \cdot x_q(p) \cdot (p^2+1) + r \cdot p \cdot [x_d(p) + x_q(p)] + r^2\,. \tag{80}$$

Löst man die Gleichung (79) nach $\tilde{\varepsilon}$ auf, so erhält man im Nenner ein Polynom 5. Grades für Maschinen ohne, und ein solches 7. Grades für Maschinen mit Dämpferwicklung. Aus den Koeffizienten eines solchen Polynoms kann man unmittelbar die Bedingungen dafür aufstellen, daß die Wurzeln nur negative reelle Teile haben (HURWITZsche Kriterien [29/30]). Das ist aber die Voraussetzung dafür, daß nur stabile Lösungen, das heißt solche, die mit der Zeit abklingen, auftreten. Auf diesem Wege haben CONCORDIA und CARTER [31] den kritischen Widerstand für eine Maschine ohne Dämpferwicklung sowie für Maschinen mit Serie- oder Parallelkapazität als Funktion des Belastungszustands bestimmt.

8. Kurzschlußvorgänge.

8.1. Der dreisträngige Kurzschluß anschließend an stationäre Belastung. Wir haben bereits (Abschnitt 5.6) kurz den einfachsten Fall des dreisträngigen Kurzschlusses (Leerlauf, Statorwiderstand vernachlässigt) behandelt. Es bleibt hier zur Hauptsache noch übrig, einerseits den Einfluß des Statorwiderstands, anderseits den Einfluß der Vorbelastung zu untersuchen. Wir gehen von einem beliebigen stationären Zustand bei beliebiger konstanter Drehzahl n und konstanter Erregung I_{fo} aus. Unter diesen Voraussetzungen lauten die Gleichungen (5.28) im Kurzschluß:

$$\begin{aligned}0 &= -(\tilde{i}_d - I_{do})\,[r + p x_d(p)] + (\tilde{i}_q - I_{qo})\, n x_q(p) - I_{do}\, r + n\, \Psi_{qo}\,,\\ 0 &= -(\tilde{i}_q - I_{qo})\,[r + p x_q(p)] - (\tilde{i}_d - I_{do})\, n x_d(p) - I_{qo}\, r - n\, \Psi_{do}\,,\end{aligned}$$

oder etwas umgestellt:

$$\left.\begin{aligned}(\tilde{\imath}_d - I_{do})\cdot[r + px_d(p)] - (\tilde{\imath}_q - I_{qo})\cdot nx_q(p) = U_{do}\,,\\ (\tilde{\imath}_d - I_{do})\cdot nx_d(p) + (\tilde{\imath}_q - I_{qo})\cdot[r + px_q(p)] = U_{qo}\,.\end{aligned}\right\} \quad (1)$$

Dazu kommt die Gleichung (5,79) für den Feldstrom:

$$(\tilde{\imath}_f - I_{fo}) = (\tilde{\imath}_d - I_{do})\cdot x_d\cdot(1-\sigma_{df})\cdot pT_f G_f(p)\,. \quad (2)$$

Aus den beiden Gl. (1) folgt:

$$\left.\begin{aligned}(\tilde{\imath}_d - I_{do}) &= \frac{U_{do}[r + px_q(p)] + U_{qo}\,nx_q(p)}{\Delta(p)}\,,\\ (\tilde{\imath}_q - I_{qo}) &= \frac{U_{qo}[r + px_d(p)] - U_{do}\,nx_d(p)}{\Delta(p)}\,,\end{aligned}\right\} \quad (3)$$

worin $\Delta(p) = (p^2 + n^2)\,x_d(p)\,x_q(p) + rp\,[x_d(p) + x_q(p)] + r^2\,.$ (4)

Setzt man für $x_d(p)$ und $x_q(p)$ Gl. (5,52) und (5,63) ein und erweitert Gl. (3) mit $(p + \alpha_{d1})(p + \alpha_{d2})(p + \alpha_q)$, so erhält man:

$$\tilde{\imath}_d - I_{do} = \frac{Y_d(p)}{Z(p)}\,, \qquad \tilde{\imath}_q - I_{qo} = \frac{Y_q(p)}{Z(p)}\,, \quad (5)$$

worin zur Abkürzung die Ausdrücke

$$Y_d(p) = [U_{do}\,r\,(p+\alpha_q) + (U_{do}\,p + U_{qo}\,n)\,x_q''(p+\beta_q)]\,(p+\alpha_{d1})(p+\alpha_{d2})\,, \quad (6)$$

$$Y_q(p) = [U_{qo}r(p+\alpha_{d1})(p+\alpha_{d2}) + (U_{qo}p - U_{do}n)x_d''(p+\beta_{d1})(p+\beta_{d2})](p+\alpha_q)\,, \quad (7)$$

$$\begin{aligned}Z(p) = {} & x_d''x_q''(p^2+n^2)(p+\beta_{d1})(p+\beta_{d2})(p+\beta_q) + {}\\ & + rp[x_d''(p+\beta_{d1})(p+\beta_{d2})(p+\alpha_q) + x_q''(p+\alpha_{d1})(p+\alpha_{d2})(p+\beta_q)] + {}\\ & + r^2(p+\alpha_{d1})(p+\alpha_{d2})(p+\alpha_q)\end{aligned} \quad (8)$$

eingeführt wurden. Für die Entwicklung der zu Gl. (5) gehörigen Zeitfunktionen brauchen wir die Wurzeln der Gleichung $Z(p) = 0$. Diese Gleichung ist 5. Grades. Die Wurzeln sind daher nicht in einfacher Weise durch die Koeffizienten ausdrückbar, wenn r von Null verschieden ist. Für $r = 0$ erhält man die einfachen Wurzeln:

$$p_1 = jn\,, \quad p_2 = -jn\,, \quad p_3 = -\beta_{d1}\,, \quad p_4 = -\beta_{d2}\,, \quad p_5 = -\beta_q\,. \quad (9)$$

Um einen Einblick zu geben, in welcher Weise diese Werte ändern, wenn r endliche Werte annimmt, wurden für einen bestimmten Fall (110 kVA Generator mit vollständiger Dämpferwicklung) mit $n = 1$ die Wurzeln für verschiedene Werte von r berechnet und als Kurven aufgetragen (Abb. 39). Beim ersten Wurzelpaar $p_{1,\,2}$ (Abb. 39a) tritt ein negativer reeller Teil auf, der nahezu proportional dem Widerstand r ist. Der imaginäre Teil nimmt mit wachsendem r langsam ab, wobei die Abnahme ebenfalls nahezu proportional r ist. Die Wurzel p_3 ändert sich für kleine Werte von r praktisch nicht; für größere nimmt ihr Betrag langsam ab. Am eigentümlichsten verhalten sich die letzten beiden Wurzeln p_4 und p_5. Für ganz kleine Werte von r bleiben sie reell und ihre Beträge nähern sich langsam. Für einen immer noch ziemlich kleinen Wert (im Beispiel r = 0,0045) fallen beide zusammen und für größere Werte von r bilden sie ein Paar konjugiert komplexer Wurzeln. Der reelle Teil ist im Anfang ungefähr $-\frac{1}{2}(\beta_{d2}+\beta_q)$ und nimmt bei größerem r ab. Der

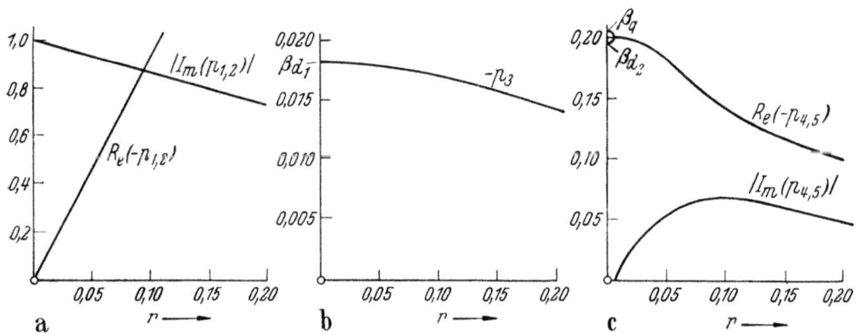

Abb. 39. Wurzeln der charakteristischen Gleichung Δ (p) = 0 für einen kleinen Generator (110 kVA) mit Dämpferwicklung in Abhängigkeit vom Statorwiderstand.

imaginäre Teil bleibt stets klein. Die entsprechenden Glieder von i_d und i_q verschwinden vor dem ersten Nulldurchgang, so daß der Schwingungscharakter dieses Anteils in den Oszillogrammen kaum erkennbar ist. Für kleine Werte von r können wir ohne großen Fehler alle diese Einflüsse vernachlässigen, bis auf das Auftreten des reellen Teils der Wurzeln $p_{1,2}$. Nennen wir diesen reellen Teil $-\alpha_r$, so können wir daher angenähert schreiben:

$$Z(p) \approx x_d'' x_q'' [(p+\alpha_r)^2 + n^2](p+\beta_{d1})(p+\beta_{d2})(p+\beta_q)\,. \qquad (10)$$

Vergleichen wir das mit dem genauen Ausdruck (8) und ziehen nur die Glieder mit den höchsten Potenzen von p in Betracht, so erhalten wir

$$x_d'' x_q'' (p^2+n^2)\, p^3 + p^4\, r\, (x_d''+x_q'') \approx x_d'' x_q'' (p^2+n^2)\, p^3 + 2\, p^4 \alpha_r x_d'' x_q''$$

und daraus

$$\alpha_r \approx \frac{x_d''+x_q''}{2\, x_d''\, x_q''}\cdot r\,. \qquad (11)$$

Abb. 39a zeigt, daß dieser angenäherte Ausdruck sogar bis zu viel höheren Werten von r gültig bleibt, als man nach obiger Herleitung erwarten würde. Mit der für Gl. (10) benützten Annäherung kann man den Ausdruck (4) schreiben:

$$\Delta(p) = [(p+\alpha_r)^2 + n^2]\, x_d(p)\, x_q(p) \tag{12}$$

und erhält daher:

$$\left.\begin{aligned} \tilde{i}_d &= I_{do} + \frac{U_{do}\, r}{\Delta(p)} + \frac{U_{do}\, p + U_{qo}\, n}{[(p+\alpha_r)^2+n^2]\, x_d(p)}, \\ \tilde{i}_q &= I_{qo} + \frac{U_{qo}\, r}{\Delta(p)} + \frac{U_{qo}\, p - U_{do}\, n}{[(p+\alpha_r)^2+n^2]\, x_q(p)}. \end{aligned}\right\} \tag{13}$$

Wir entwickeln $1/\Delta(p)$ nach dem Entwicklungssatz (Anh. II, 23). Die letzten Glieder kann man entweder ebenfalls entwickeln, oder noch etwas einfacher nach dem Faltungssatz behandeln:

$$\frac{U_{do}\, p + U_{qo}\, n}{(p+\alpha_r)^2 + n^2} \cdot \frac{1}{x_d(p)} \fallingdotseq \{[U_{do}\cos(nt) + (U_{qo} - U_{do}\,\alpha_r/n)\sin(nt)]\, e^{-\alpha_r t}\} *$$

$$* \left[\frac{1}{x_d} + \left(\frac{1}{x_d'} - \frac{1}{x_d}\right) e^{-\beta_{d1} t} + \left(\frac{1}{x_d''} - \frac{1}{x_d'}\right) e^{-\beta_{d2} t}\right]$$

und entsprechend für $\tilde{i}_q$. In den so entstehenden Ausdrücken fassen wir die Glieder mit β_{d2} und β_q zusammen, indem wir beide durch $\beta'' \approx (\beta_{d2} + \beta_q)/2$ ersetzen (siehe Abb. 39c). Statt β_{d_1} schreiben wir entsprechend β'. So erhalten wir die zu (13) gehörenden Originalfunktionen

$$\left.\begin{aligned} i_d &= i_{ds} + i_d' \cdot e^{-\beta' t} + i_d'' \cdot e^{-\beta'' t} + i_{da} \cdot e^{-\alpha_r t}, \\ i_q &= i_{qs} + i_q' \cdot e^{-\beta' t} + i_q'' \cdot e^{-\beta'' t} + i_{qa} \cdot e^{-\alpha_r t}. \end{aligned}\right\} \tag{14}$$

Darin ist jeder der beiden Ströme zerlegt in den stationären Anteil i_{ds}, i_{qs}, den langsam abklingenden („transient") Anteil i_d', i_q', den flüchtigen („subtransient") Anteil i_d'', i_q'' und den asymmetrischen (oder Gleichstrom-) Anteil i_{da}, i_{qa}. Die stationären Anteile erhält man, indem man in (13) oder genauer in (3) $p = 0$ einsetzt:

$$\left.\begin{aligned} i_{ds} &= I_{do} + \frac{U_{do}\, r + U_{qo}\, n\, x_q}{n^2 x_d x_q + r^2} = \frac{I_{fo}\, n^2 x_q}{n^2 x_d x_q + r^2} \approx \frac{I_{fo}}{x_d} \cdot \left(1 - \frac{r^2}{n^2 x_d x_q}\right), \\ i_{qs} &= I_{qo} + \frac{U_{qo}\, r - U_{do}\, n\, x_d}{n^2 x_d x_q + r^2} = \frac{I_{fo}\, n\, r}{n^2 x_d x_q + r^2} = i_{ds} \cdot \frac{r}{n x_q}. \end{aligned}\right\} \tag{15}$$

Trotzdem die Rechnung ohne Berücksichtigung der Sättigung durchgeführt wurde, gelten die Endresultate (15) praktisch auch noch für die gesättigte Maschine, wenn nur für I_{fo} der wirkliche, der Vorbelastung entsprechende Feldstrom eingesetzt wird.

Die genauen Ausdrücke für die abklingenden Anteile des Kurzschlußstroms wären völlig unübersichtlich. Außerdem gelten die in (13) bereits vorgenommenen Vereinfachungen nur für kleine Werte von r. Daher beschränken wir uns von vornherein auf kleine Werte der Dämpfungskoeffizienten und vernachlässigen alle Quadrate und Produkte der kleinen Größen r, α_r, β', β''. Dann erhalten wir:

$$\left.\begin{aligned} i_d' &= \frac{1}{n^2}\cdot\left(\frac{1}{x_d'}-\frac{1}{x_d}\right)\left(U_{qo}n - U_{do}\cdot\frac{r}{x_q}\right),\\ i_q' &= \frac{1}{n^2}\cdot\left(\frac{1}{x_d'}-\frac{1}{x_d}\right)U_{qo}\,\frac{r}{x_q}. \end{aligned}\right\} \qquad (16)$$

$$\left.\begin{aligned} i_d'' &= \frac{1}{n^2}\cdot\left(\frac{1}{x_d''}-\frac{1}{x_d'}\right)\left[U_{qo}\,n - U_{do}\,(\beta''-\alpha_r)\right],\\ i_q'' &= \frac{1}{n^2}\cdot\left(\frac{1}{x_q''}-\frac{1}{x_q}\right)\left[-U_{do}\,n - U_{qo}\,(\beta''-\alpha_r)\right]. \end{aligned}\right\} \qquad (17)$$

$$\left.\begin{aligned} i_{da} &= -\frac{1}{n\,x_d''}\,U_0\cos(nt+\delta_0) + \frac{1}{n^2}\left[\left(\frac{1}{x_d'}-\frac{1}{x_d}\right)\beta' + \right.\\ &\quad \left. + \left(\frac{1}{x_d''}-\frac{1}{x_d'}\right)\beta'' - \frac{r}{x_d''\,x_q''}\right] U_0\sin(nt+\delta_0),\\ i_{qa} &= \frac{1}{n\,x_q''}\,U_0\sin(nt+\delta_0) + \frac{1}{n^2}\left[\left(\frac{1}{x_q''}-\frac{1}{x_q'}\right)\beta'' - \right.\\ &\quad \left. - \frac{r}{x_d''\,x_q''}\right] U_0\cos(nt+\delta_0). \end{aligned}\right\} \qquad (18)$$

Darin ist δ_0 der Polradwinkel entsprechend der Vorbelastung. Gehen wir mit Hilfe der bekannten Formel (4, 11) zum Strom eines beliebigen Statorstranges über, so finden wir:

$$i = i_d\cos(nt+\vartheta_0) - i_q\sin(nt+\vartheta_0) = i_s + i'\cdot e^{-\beta' t} + i''\cdot e^{-\beta'' t} + i_a\cdot e^{-\alpha_r t}. \qquad (19)$$

Der Verlauf des Kurzschlußstromes im hier betrachteten allgemeinen Fall hat also denselben Charakter wie im früher (Abschnitt 5.6) behandelten einfacheren Fall (Abb. 16). Lediglich die Ausdrücke für die Amplituden der einzelnen Anteile werden durch die Vorbelastung geändert. Wir werden diese jetzt der Reihe nach untersuchen. Der Dauerkurzschlußstrom wird:

$$\begin{aligned} i_s &= i_{ds}\cos(nt+\vartheta_0) - i_{qs}\sin(nt+\vartheta_0)\\ &= \frac{I_{f0}\,n\sqrt{n^2 x_q^2 + r^2}}{n^2 x_d x_q + r^2}\cos\left(nt+\vartheta_0+\operatorname{arctg}\frac{r}{n\,x_q}\right)\\ &\approx \frac{I_{f0}}{x_d}\cos\left(nt+\vartheta_0+\operatorname{arctg}\frac{r}{n\,x_q}\right); \end{aligned} \qquad (20)$$

Der Einfluß des Widerstandes äußert sich in erster Näherung nur in einer kleinen Phasenverschiebung. Ein Einfluß auf die Amplitude macht sich erst bei größeren Werten von r bemerkbar. Der Einfluß der Vorbelastung äußert sich in dem entsprechend größeren I_{r0}.

Beim langsam abklingenden („transient") Anteil

$$i' = i'_d \cos(nt + \vartheta_0) - i'_q \sin(nt + \vartheta_0) \tag{21}$$

$$\approx \frac{U_{q0}}{n}\left(\frac{1}{x'_d} - \frac{1}{x_d}\right)\cos(nt + \vartheta_0) - \frac{1}{n^2}\left(\frac{1}{x'_d} - \frac{1}{x_d}\right)\frac{r}{x_q} U_0 \sin(nt + \vartheta_0 - \delta_0)$$

wird das Hauptglied fast gar nicht beeinflußt. Auch bei verhältnismäßig hoher Wirklast unterscheidet sich U_{q0} nur um wenige Prozent von U_0. Lediglich das vom Widerstand herrührende Zusatzglied erfährt eine Phasenverschiebung um den Polradwinkel.

Etwas stärker ist der Einfluß der Vorbelastung auf den rasch abklingenden („subtransient") Anteil:

$$i'' = i''_d \cos(nt + \vartheta_0) - i''_q \sin(nt + \vartheta_0)$$

$$= \frac{U_0}{n}\sqrt{\left(\frac{1}{x''_d} - \frac{1}{x'_d}\right)^2 \cos^2\delta_0 + \left(\frac{1}{x''_q} - \frac{1}{x_q}\right)^2 \sin^2\delta_0} \times$$

$$\times \cos\left[nt + \vartheta_0 - \operatorname{arctg}\left(\frac{1/x''_q - 1/x_q}{1/x''_d - 1/x'_d}\operatorname{tg}\delta_0\right)\right] +$$

$$+ \frac{U_0(\beta'' - \alpha_r)}{n^2}\sqrt{\left(\frac{1}{x''_q} - \frac{1}{x_q}\right)^2 \cos^2\delta_0 + \left(\frac{1}{x''_d} - \frac{1}{x'_d}\right)^2 \sin^2\delta_0} \times \tag{22}$$

$$\times \sin\left[nt + \vartheta_0 - \operatorname{arctg}\left(\frac{1/x''_d - 1/x'_d}{1/x''_q - 1/x_q}\operatorname{tg}\delta_0\right)\right].$$

Die Amplitude von i'' wird bei Vollast 1,3 bis 1,4 mal größer als bei Leerlauf. Außerdem tritt eine erhebliche Phasenverschiebung auf. Das Korrekturglied [2. Teil von Gl. (22)] ändert nur wenig mit der Belastung.

Der asymmetrische Anteil des Kurzschlußstromes wird:

$$i_a = i_{da}\cos(nt + \vartheta_0) - i_{qa}\sin(nt + \vartheta_0) \tag{23}$$

$$= -\frac{U_0}{2n}\left[\left(\frac{1}{x''_d} + \frac{1}{x''_q}\right)\cos(\vartheta_0 - \delta_0) - \left(\frac{1}{x''_q} - \frac{1}{x''_d}\right)\cos(2nt + \vartheta_0 + \delta_0)\right] -$$

$$- \frac{U_0}{2n^2}\left(\left[\left(\frac{1}{x'_d} - \frac{1}{x_d}\right)\beta' + \left(\frac{1}{x''_d} + \frac{1}{x''_q} - \frac{1}{x'_d} - \frac{1}{x_q}\right)\beta'' - \frac{2r}{x''_d x''_q}\right]\sin(\vartheta_0 - \delta_0)\right.$$

$$\left. + \left[\left(\frac{1}{x''_q} - \frac{1}{x''_d} + \frac{1}{x'_d} - \frac{1}{x_q}\right)\beta'' - \left(\frac{1}{x'_d} - \frac{1}{x_d}\right)\beta'\right]\sin(2nt + \vartheta_0 + \delta_0)\right).$$

Hier beschränkt sich der Einfluß der Belastung auf die Phasenverschiebung der einzelnen Glieder um den Polradwinkel δ_0. Die Größe der

Amplitude sowohl des Gleichstromgliedes, als auch des Gliedes mit doppelter Frequenz wird praktisch nicht beeinflußt.

Man sieht aus den obigen Entwicklungen, daß die Ausdrücke für den Kurzschlußstrom sehr lang und schwerfällig werden, selbst wenn man die Beiträge der Wicklungswiderstände nur in erster Näherung berücksichtigt. Wir wollen daher noch einen andern Weg zur Bestimmung des Kurzschlußstroms einschlagen, der mehr auf physikalischen Überlegungen beruht und Resultate liefert, die besonders bei großem r nützlich sind. Der Fall, daß der Widerstand verhältnismäßig groß ist, kann eintreten, wenn der Kurzschluß nicht direkt am Generator, sondern am Ende einer schwachen Abzweigleitung erfolgt. Wir entnehmen der vorausgegangenen strengeren Behandlung die Kenntnis, daß sowohl jeder Strangstrom, als auch die Längs- und Querfeldkomponente aus je vier Gliedern bestehen, dem Dauerkurzschlußstrom i_s, dem langsam abklingenden Stoßkurzschlußstrom i', dem rasch abklingenden flüchtigen Stoßkurzschlußstrom i'' und dem asymmetrischen Strom i_a. Wir setzen also für i_d und i_q die Gl. (14) an, wollen aber die Größe der einzelnen Teilströme direkt aus dem Zeigerdiagramm bestimmen, mit Ausnahme des Dauerkurzschlußstroms, den wir aus den Gl. (15) bereits genau kennen. Wir machen dazu folgendes Gedankenexperiment: Wir nehmen einmal an, daß sowohl die Feldwicklung als die Dämpferwicklung unendlich hohe Leitfähigkeit hätten. Dann können sich Flüsse, die mit diesen Wicklungen verkettet sind, überhaupt nicht ändern. Sie werden also festgehalten mit den Werten, die sie unmittelbar vor dem Kurzschluß hatten. Die einzigen Flüsse, die sich beim Kurzschluß noch ändern können, sind die Streuflüsse zwischen Statorwicklung einerseits und Feld- und Dämpferwicklung anderseits. Das sind die Anteile $i_d\, x_d''$ und $i_q\, x_q''$ der Statorflußverkettung. Addieren wir also im Zeigerdiagramm für den Zustand vor dem Kurzschluß (Abb. 40a) zur Klemmenspannung U_0 und dem ohmschen Spannungsabfall $I_0 r$ die Glieder $I_{d0}\, x_d''$ und $I_{q0}\, x_q''$, so erhalten wir eine EMK E'', die unter der genannten Voraussetzung beim Kurzschluß unverändert bleibt. Man nennt sie die EMK hinter der flüchtigen Stoßreaktanz. Wir zeichnen jetzt das Zeigerdiagramm im Kurzschluß für einen Zeitpunkt, in dem das asymmetrische Glied des Kurzschlußstromes abgeklungen ist, in dem man also wieder einen reinen Wechselstrom i_k'' hat (Abb. 40b). In diesem Diagramm ist $u = 0$. Die drei Anteile $i_k''\, r$, $i_{kd}''\, x_d''$ und $i_{kq}''\, x_q''$ müssen also zusammen die EMK E'' ergeben. Der Abb. 40b entsprechen also die Gleichungen

$$i_{kd}''\, x_d'' + i_{kq}''\, r = E_q'' , \qquad i_{kd}''\, r - i_{kq}''\, x_q'' = E_d'' . \tag{24}$$

Wir erhalten daraus: $$i_{kd}'' = \frac{E_q''\, x_q'' + E_d''\, r}{x_d''\, x_q'' + r^2} , \qquad i_{kq}'' = \frac{E_q''\, r - E_d''\, x_d''}{x_d''\, x_q'' + r^2} . \tag{25}$$

Nach Abb. 40a lassen sich E_d'' und E_q'' ausdrücken durch:

$$E_d'' = U_{do} + r\,I_{do} + x_q''\,I_{qo}\,, \qquad E_q'' = U_{qo} + r\,I_{qo} + x_d''\,I_{do}\,. \tag{26}$$

Damit kann man die Gl. (25) schreiben:

$$i_{kd}'' = \frac{U_{qo}\,x_q'' + U_{do}\,r}{x_d''\,x_q'' + r^2} + I_{do}\,; \qquad i_{kq}'' = \frac{U_{qo}\,r - U_{do}\,x_d''}{x_d''\,x_q'' + r^2} + I_{qo}\,. \tag{27}$$

Aus der gleichen Abb. 40b kann man auch das asymmetrische Glied i_a ablesen. Im ersten Moment nach dem Kurzschluß kann sich der Strom noch nicht geändert haben. Der Anfangswert von i_a muß daher gerade die Differenz zwischen i_k'' und I_0 darstellen. Übertragen wir daher den

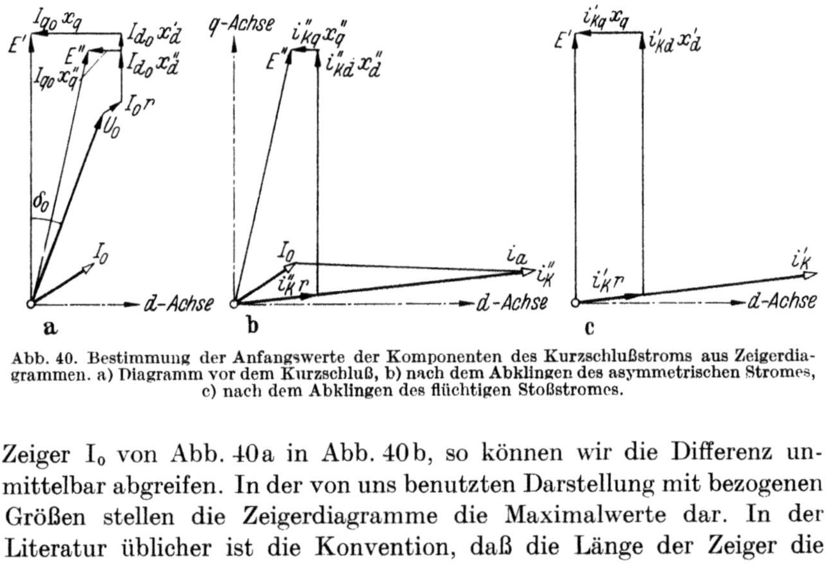

Abb. 40. Bestimmung der Anfangswerte der Komponenten des Kurzschlußstroms aus Zeigerdiagrammen. a) Diagramm vor dem Kurzschluß, b) nach dem Abklingen des asymmetrischen Stromes, c) nach dem Abklingen des flüchtigen Stoßstromes.

Zeiger I_0 von Abb. 40a in Abb. 40b, so können wir die Differenz unmittelbar abgreifen. In der von uns benutzten Darstellung mit bezogenen Größen stellen die Zeigerdiagramme die Maximalwerte dar. In der Literatur üblicher ist die Konvention, daß die Länge der Zeiger die Effektivwerte darstellen soll. In diesem Fall ist die aus dem Diagramm abgegriffene Differenz zwischen i_k'' und I_0 noch mit $\sqrt{2}$ zu multiplizieren, um den Anfangswert von i_a zu erhalten. Rechnerisch erhalten wir aus (27) und Abb. 40b einfach

$$i_{da} = i_{kd}'' - I_{do} = \frac{U_{qo}\,x_q'' + U_{do}\,r}{x_d''\,x_q'' + r^2}\,, \quad i_{qa} = i_{kq}'' - I_{qo} = \frac{U_{qo}\,r - U_{do}\,x_d''}{x_d''\,x_q'' + r^2}\,. \tag{28}$$

Wir ändern nun etwas unsere Voraussetzung und nehmen nur noch an, daß die Feldwicklung allein unendlich hohe Leitfähigkeit habe. Dann bleibt nur noch der mit ihr verkettete Fluß konstant, während der mit der Dämpferwicklung verkettete mit $e^{-\beta'' t}$ abklingt. Dem neuen konstanten Fluß entspricht ebenfalls eine konstante EMK, die EMK E'

hinter der Stoßreaktanz. Um sie zu erhalten, haben wir nur in Abb. 40a resp. den Gl. (26) x_d'' durch x_d' und x_q'' durch x_q zu ersetzen. Betrachten wir nun einen Zeitpunkt nach dem Kurzschlußmoment, in dem nicht nur das asymmetrische Glied, sondern auch der flüchtige Stoßkurzschlußstrom abgeklungen sind, so erhalten wir das Zeigerdiagramm Abb. 40c für den Kurzschlußstrom i_k'. Die entsprechenden Gleichungen lauten:

$$E' = E_q' = U_{qo} + I_{qo}\, r + I_{do}\, x_d' \,. \tag{29}$$

$$\left.\begin{aligned} i_{kd}' &= \frac{E'\, x_q}{x_d'\, x_q + r^2} = \frac{U_{qo}\, x_q + U_{do}\, r}{x_d'\, x_q + r^2} + I_{do}\,, \\ i_{kq}' &= \frac{E'\, r}{x_d'\, x_q + r^2} = \frac{U_{qo}\, r - U_{do}\, x_d'}{x_d'\, x_q + r^2} + I_{qo}\,. \end{aligned}\right\} \tag{30}$$

Wir gehen nun zu den Gl. (14) zurück. Nach der ersten Voraussetzung (unendlich hohe Leitfähigkeit der Feld- und Dämpferwicklung) haben wir $\beta' = \beta'' = 0$ zu setzen. Daher wird der gesamte Wechselstromanteil des Kurzschlußstromes

$$i_{kd}'' = i_{ds} + i_d' + i_d''\,, \qquad i_{kq}'' = i_{qs} + i_q' + i_q''\,. \tag{31}$$

Nach der zweiten Voraussetzung soll nur $\beta' = 0$, das Glied $i'' \cdot e^{-\beta'' t}$ aber bereits abgeklungen sein; daher

$$i_{kd}' = i_{ds} + i_d'\,, \qquad i_{kq}' = i_{qs} + i_q'\,. \tag{32}$$

Wir haben in den Zeigerdiagrammen Abb. 40 synchrone Drehzahl, also $n = 1$ angenommen. Daher geben die beiden Gl. (15)

$$i_{ds} = \frac{I_{fo}\, x_q}{x_d\, x_q + r^2}\,, \qquad i_{qs} = \frac{I_{fo}\, r}{x_d\, x_q + r^2}\,. \tag{33}$$

Damit erhält man als Ausdruck für den Kurzschlußstrom bei beliebig großem ohmschem Widerstand

$$\left.\begin{aligned} i_d &= i_{ds} + (i_{kd}' - i_{ds}) \cdot e^{-\beta' t} + (i_{kd}'' - i_{kd}') \cdot e^{-\beta'' t} + i_{ad} \cdot e^{-\alpha_r t}\,, \\ i_q &= i_{qs} + (i_{kq}' - i_{qs}) \cdot e^{-\beta' t} + (i_{kq}'' - i_{kq}') \cdot e^{-\beta'' t} + i_{aq} \cdot e^{-\alpha_r t}\,. \end{aligned}\right\} \tag{34}$$

Für die Dämpfungsdekremente β', β'' und α_r kann man in diesem Fall allerdings nicht mehr die Näherungsausdrücke verwenden, sondern muß sie direkt aus der Gleichung $Z(p) = 0$ bestimmen.

8.2. Dreisträngiger Kurzschluß bei Stoßerregung. Bisher haben wir nur Fälle betrachtet, wo sich ein Ausgleichsvorgang an einen stationären Betriebszustand anschloß. Es kommen aber auch Fälle vor, wo auf einen

Ausgleichsvorgang ein neuer folgt, bevor der erste abgeklungen ist. Als Beispiel wollen wir den Kurzschluß mit Stoßerregung behandeln. Praktisch kommt dieser Fall vor bei der Prüfung des Abschaltvermögens von Hochleistungsschaltern. Abb. 41 zeigt die dabei benutzte Schaltung. S_3 ist der zu prüfende Schalter. S_1, S_2 und S_3 werden durch einen besondern Apparat derart gesteuert, daß zuerst S_1 den Widerstand R_s kurzschließt und sofort darauf der Schalter S_2 den Generator auf den Kurzschluß einschaltet. Eine bestimmte Zeit (etwa 10 Perioden) später wird S_3 geöffnet und muß den Kurzschluß abschalten. Die Spannung des Erregers ist so gewählt, daß bei eingeschaltetem Widerstand R_s ein Feldstrom etwa gleich dem Leerlauffeldstrom fließt. Dabei herrscht am Feld die Spannung U_{fo}. Nach dem Kurzschließen des Widerstandes R_s steigt sie plötzlich auf den Wert $[(R_s + R_f)/R_f] \cdot U_{fo} = \rho \cdot U_{fo} = \rho \cdot I_{fo}$. Den Faktor $\rho = (R_s + R_f)/R_f$ nennen wir den Stoßerregungsfaktor.

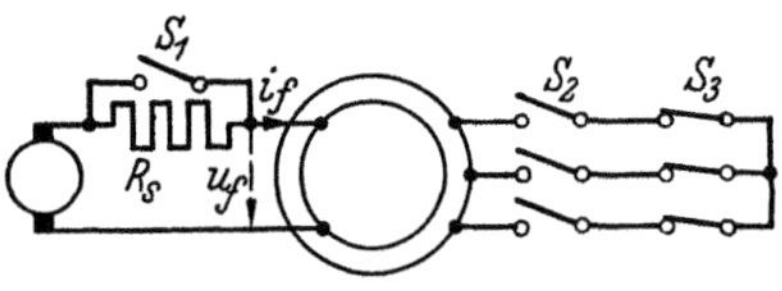

Abb. 41. Prinzipschaltbild einer Anlage zur Prüfung von Leistungsschaltern.

Da es uns hier nur auf das Wesentliche ankommt, vernachlässigen wir die kleine Zeitdifferenz (im Maximum etwa 2 Perioden) zwischen dem Einschalten von S_1 und S_2. Wir nehmen also für beide den gleichen Schaltmoment an. Da der Generator vor dem Kurzschluß leer läuft, erhalten wir die Gleichungen (wir nehmen der Einfachheit halber $n = 1$ und vernachlässigen den Statorwiderstand bis auf das Dämpfungsdekrement α_r):

$$\left.\begin{aligned} \tilde{\psi}_d + I_{fo} &= \tilde{i}_d\, x_d(p) - (\rho - 1)\, I_{fo}\, G_f(p)\,, \\ \tilde{\psi}_q &= \tilde{i}_q\, x_q(p) \end{aligned}\right\} \qquad (35)$$

und (siehe 5, 87)

$$\tilde{\psi}_d = -\frac{p^2}{p^2+1} \cdot I_{fo}\,, \qquad \tilde{\psi}_q = \frac{p}{p^2+1} \cdot I_{fo} \qquad (36)$$

und daraus:

$$\left.\begin{aligned} \tilde{i}_d &= I_{fo}\left(\frac{1}{(p^2+1)\, x_d(p)} + (\rho - 1)\,\frac{G_f(p)}{x_d(p)}\right), \\ \tilde{i}_q &= I_{fo} \cdot \frac{p}{(p^2+1)\, x_q(p)}\,. \end{aligned}\right\} \qquad (37)$$

Für i_q erhält man daraus genau den gleichen Ausdruck wie früher (Gl. 5, 94). Wir brauchen uns nicht weiter damit zu befassen. i_d erscheint als Summe aus dem früher ohne Stoßerregung gefundenen Anteil i_{d1} nach Gl. (5, 91) und einem neuen Glied i_{12}, das von der Stoßerregung herrührt. Setzen wir $x_d(p)$ nach Gl. (5, 52) und $G_f(p)$ nach Gl. (5, 69) ein, so wird dieser zweite Teil:

$$\tilde{i}_{d2} = I_{f0}(\rho - 1)\frac{B_f}{x_d''}\cdot\frac{p+\gamma_f}{(p+\beta_{d1})(p+\beta_{d2})},$$

$$\doteq I_{f0}(\rho-1)\left[\frac{1}{x_d} - \left(\frac{1}{x_d}\cdot\frac{\beta_{d2}}{\beta_{d2}-\beta_{d1}} - \frac{1}{x_d''}\frac{B_f}{\beta_{d2}-\beta_{d1}}\right)e^{-\beta_{d1}t} + \right.$$
$$\left. + \left(\frac{1}{x_d}\cdot\frac{\beta_{d1}}{\beta_{d2}-\beta_{d1}} - \frac{1}{x_d''}\frac{B_f}{\beta_{d2}-\beta_{d1}}\right)e^{-\beta_{d2}t}\right]. \qquad (38)$$

Praktisch ist der Faktor von $e^{-\beta_{d1}t}$ ungefähr $1/x_d$, derjenige von $e^{-\beta_{d2}t}$ sehr klein (Größenordnung $0{,}01 \cdot 1/x_d$). Daher kann man statt (38) angenähert schreiben:

$$i_{d2} \approx \frac{I_{f0}(\rho-1)}{x_d}\cdot(1-e^{-\beta_{d1}t}). \qquad (39)$$

Addiert man diesen Ausdruck zu i_{d1} nach Gl. (5, 91), so erhält man

$$i_d = I_{f0}\left[\frac{\rho}{x_d} + \left(\frac{1}{x_d'} - \frac{\rho}{x_d}\right)e^{-\beta_{d1}t} + \left(\frac{1}{x_d''} - \frac{1}{x_d'}\right)e^{-\beta_{d2}t} - \frac{1}{x_d''}\cos(t)\,e^{-\alpha_r t}\right]. \quad (40)$$

Man sieht also, daß die Stoßerregung im wesentlichen einfach den Dauerkurzschlußstrom auf das ρ-fache hinaufsetzt. Macht man ρ gleich dem Verhältnis x_d/x_d', so fällt der Stoßkurzschlußstrom weg; der Wechselstromanteil des Kurzschlußstromes wird bis auf den Beitrag des flüchtigen Anteils von Anfang an konstant. Der Schaltmoment für den Schalter S_3 wird so bestimmt, daß der asymmetrische Strom auf einen kleinen Bruchteil seines Anfangswertes abgesunken ist. Außer dem Wechselstrom im Moment des Abschaltens, den man aus Gl. (40) erhält, ist für die Beanspruchung des Schalters die wiederkehrende Spannung maßgebend, die zwischen den sich trennenden Kontakten auftritt. Der Strom nach Gl. (40) bricht nicht plötzlich ab. Unmittelbar nach dem Öffnen der Schalterkontakte brennt zwischen diesen ein Lichtbogen, über den ein allmählich abnehmender Strom weiterfließt. Der genaue Verlauf dieses Vorgangs ist von der Konstruktion des Schalters und zum Teil auch etwas vom Zufall abhängig. Wir idealisieren den Vorgang für die Rechnung etwas, indem wir annehmen, daß vom Zeitpunkt t_1 der ersten Kontakttrennung an die Ströme während der kurzen Lichtbogendauer Δ linear auf Null abnehmen. Wir machen also für diesen Zeitabschnitt den Ansatz:

$$i_d = i_{d1}\left(1 - \frac{t-t_1}{\Delta}\right), \qquad i_q = i_{q1}\left(1 - \frac{t-t_1}{\Delta}\right). \qquad (41)$$

Dabei bedeuten i_{d1} den Wert von i_d im Moment t_1 nach Gl. (40) und i_{q1} den Wert von i_q im Moment t_1 nach Gl. (5, 94) ($i_{q1} = I_{f0}/x_q'' \cdot \sin t_1\, e^{-\alpha_r t_1}$).

Zur Berechnung der wiederkehrenden Spannung brauchen wir auch die Werte der Flußverkettungen ψ_{d1}, ψ_{q1} und der Feld- und Dämpferströme i_{f1}, i_{D1} und i_{Q1} im Moment t_1. Die Flußverkettungen sind bekannt aus Gl. (36):

$$\psi_{d1} = -\,I_{fo}\cos(t_1)\,e^{-\alpha_r t_1}, \qquad \psi_{q1} = I_{fo}\sin(t_1)\,e^{-\alpha_r t_1}. \tag{42}$$

Für i_f erhalten wir allgemein aus Gl. (5, 79)

$$\tilde{i}_f - I_{fo} = \tilde{i}_d\, x_d\,(1-\sigma_{df})\, p\, T_f\, G_f(p) + I_{fo}\,(\rho - 1)\, F_f(p). \tag{43}$$

Anstatt den genauen Ausdruck (37) für $\tilde{i}_d$ einzusetzen, vereinfachen wir uns die Arbeit etwas, indem wir aus der Näherung (40) rückwärts schließen auf

$$\tilde{i}_d \approx I_{fo}\left[\frac{\rho}{x_d} + \left(\frac{1}{x_d'} - \frac{\rho}{x_d}\right)\frac{p}{p+\beta_{d1}} + \left(\frac{1}{x_d''} - \frac{1}{x_d'}\right)\frac{p}{p+\beta_{d2}} - \frac{1}{x_d''}\cdot\frac{p\,(p+\alpha_r)}{(p+\alpha_r)^2+1}\right]. \tag{44}$$

Wir setzen das in (43) ein und führen $G_f(p)$ und $F_f(p)$ nach Gl. (5, 69) und (5, 80) ein. Wir führen die etwas umständliche Rechnung nicht im Detail durch, sondern geben direkt das Resultat an, wobei schon einige kleine Glieder vernachlässigt sind:

$$\begin{aligned} i_f = I_{fo}\Big\{\rho - x_d\,(1-\sigma_{df})\,T_f\Big[\Big(\frac{1}{x_d'} - \frac{\rho}{x_d}\Big)\beta_{d1}\, G_f(-\beta_{d1})\, e^{-\beta_{d1} t} + \\ + \Big(\frac{1}{x_d''} - \frac{1}{x_d'}\Big)\beta_{d2}\, G_f(-\beta_{d2})\, e^{-\beta_{d2} t}\Big] - \frac{x_d\,(1-\sigma_{df})\,\mu_D}{x_d''\,\sigma_{fD}}\cos(t)\, e^{-\alpha_r t} + \\ + \Big[x_d\,(1-\sigma_{df})\Big(\frac{\rho}{x_d} - \Big(\frac{1}{x_d'} - \frac{\rho}{x_d}\Big)\frac{\alpha_{d1}}{\beta_{d1}-\alpha_{d1}}\Big) - (\rho - 1)\Big]\, e^{-\alpha_{d1} t}\Big\}. \end{aligned} \tag{45}$$

Wir wollen uns auf den Fall, wo $\rho \approx x_d/x_d'$ ist, beschränken, da man praktisch immer mindestens in der Nähe dieses Wertes arbeitet. Dann verschwindet der Faktor von $e^{-\beta_{d1} t}$ und da $x_d' \approx \sigma_{df}\, x_d$, auch derjenige von $e^{-\alpha_{d1} t}$.

Beginnen wir im Moment der Schalteröffnung eine neue Zeitzählung, so gelten von dort ab die Gleichungen

$$\tilde{i}_d = i_{d1}\left(1 - \frac{1}{\Delta p}\right), \qquad \tilde{i}_q = i_{q1}\left(1 - \frac{1}{\Delta p}\right), \tag{46}$$

$$\left.\begin{aligned} \tilde{\psi}_d &= \psi_{d1} + (\tilde{i}_d - i_{d1})\, x_d(p) - (\rho\, I_{fo} - i_{f1})\, G_f(p) - (\psi_{d1} - i_{d1}\, x_d + i_{f1})\, G_D(p), \\ \tilde{\psi}_q &= \psi_{q1} + (\tilde{i}_q - i_{q1})\, x_q(p) - (\psi_{q1} - i_{q1}\, x_q)\, G_Q(p). \end{aligned}\right\} \tag{47}$$

$$\begin{aligned} \tilde{i}_f = i_{f1} + (\tilde{i}_d - i_{d1})\, x_d\,(1-\sigma_{df})\, T_f\, p\, G_f(p) + (\rho\, I_{fo} - i_{f1})\, F_f(p) - \\ - (\psi_{d1} - i_{d1}\, x_d + i_{f1})\, F_D(p). \end{aligned} \tag{48}$$

Setzt man (46) in (47) und (48) ein und bestimmt die Werte ψ_{d2}, ψ_{q2} und i_{f2} im Moment der Lichtbogenlöschung ($t = \Delta$), so findet man, falls die Lichtbogendauer klein gegen die Zeitkonstanten $1/\alpha_{d1}$ und $1/\alpha_{d2}$ angenommen wird:

$$\left.\begin{aligned} \psi_{d2} &= \psi_{d1} - i_{d1}\, x_d'' , \qquad \psi_{q2} = \psi_{q1} - i_{q1}\, x_q'' , \\ i_{f2} &= i_{f1} - i_{d1}\, x_d\, (1 - \sigma_{df})\, T_f\, B_f . \end{aligned}\right\} \quad (49)$$

Setzt man darin noch die Werte von ψ_{d1}, ψ_{q1}, i_{d_1}, i_{q1} und i_{f1} ein, so folgt

$$\psi_{d2} = - x_d''\, I_{f\ddot{o}} \left[\frac{\rho}{x_d} + \left(\frac{1}{x_d''} - \frac{1}{x_d'}\right) e^{-\beta_{d_2} t_1}\right], \qquad \psi_{q2} = 0 . \quad (50)$$

$$\begin{aligned} i_{f2} = I_{fo} \Big[& [1 - (1 - \sigma_{df})\, T_f\, B_f] - \\ & - x_d\, (1 - \sigma_{df})\, T_f \left(\frac{1}{x_d''} - \frac{1}{x_d'}\right) [B_f + \beta_{d2}\, G_f(-\beta_{d2})]\, e^{-\beta_{d2} t_1} \Big] . \end{aligned} \quad (51)$$

Mit diesen Werten läßt sich die wiederkehrende Spannung berechnen. Nach Löschung des Lichtbogens fließt kein Strom mehr. Daher gelten für die Spannung die Gleichungen

$$u_d = - d\,\psi_d/dt + \psi_q , \qquad u_q = - d\,\psi_q/dt - \psi_d , \quad (52)$$

und für die Flußverkettungen (die Zeit wird jetzt vom Moment der Lichtbogenlöschung ab gezählt):

$$\left.\begin{aligned} \tilde{\psi}_d &= \psi_{d2} - (I_{fo}\, \rho - i_{f2})\, G_f(p) - (\psi_{d2} + i_{f2})\, G_D(p) , \\ \tilde{\psi}_q &= 0 , \qquad \psi_q = 0 . \end{aligned}\right\} \quad (53)$$

$$\psi_d \approx - I_{fo}\, \rho + (I_{fo}\, \rho + \psi_{d2}\, B_{D1} - i_{f2}\, B_{D2})\, e^{-\alpha_{d1} t} + (\psi_{d2} + i_{f2})\, B_{D2}\, e^{-\alpha_{d2} t} . \quad (54)$$

$u_d = - d\,\psi_d/dt$ wird wegen der Kleinheit von α_{d1} und α_{d2} vernachlässigbar. Es bleibt also als wiederkehrende Spannung:

$$u = -u_q \sin(\vartheta) = \psi_d \sin(\vartheta) . \quad (55)$$

Zu diesem Anteil mit normaler Frequenz kommt noch ein hochfrequenter Beitrag hinzu, den wir bis jetzt vernachlässigt haben, da er mit dem Ausgleichsvorgang in der Maschine an und für sich nichts zu tun hat. Für die Beanspruchung des Schalters ist er aber sehr wichtig. Dieser Teil stellt die freie Schwingung des Kreises, gebildet aus Maschinenreaktanz und Kapazität der Wicklung mit Einschluß der kurzen Leitung zwischen Maschinenklemmen und Schalter, dar. Um diesen Anteil zu erhalten, muß man also diese Kapazität berücksichtigen. Die genaue Rechnung würde dadurch außerordentlich kompliziert. Da der Vorgang aber sehr kurz ist (die Schwingung klingt innerhalb der ersten Periode der Generatorspannung nach der Lichtbogenlöschung auf Null ab), können wir die Berechnung dieses Teiles wesentlich vereinfachen, indem wir die langsam veränderlichen Größen als konstant annehmen. Wir können also die Maschine durch eine einfache Spannungsquelle mit der Leerlaufspannung ψ_{d2} und der innern Reaktanz x_d'' ersetzen und erhalten so das einfache Ersatzschema Abb. 42a. Aus ihm erhalten wir die Gleichungen

$$\tilde{u}_c = \psi_{d2} - x_d'' p \tilde{i}\,, \qquad \tilde{i} = c p \tilde{u}_c \tag{56}$$

und daraus

$$\tilde{u}_c = \frac{\psi_{d2}}{p^2 x_d'' c + 1} = \frac{\nu^2 \psi_{d2}}{p^2 + \nu^2} \doteq \psi_{d2}\,[1 - \cos(\nu t)] \tag{57}$$

mit

$$\nu = 1 / \sqrt{x_d'' c}\,. \tag{58}$$

Die Schwingung verläuft in Wirklichkeit stark gedämpft, etwa nach Abb. 42b, da bei der hohen Frequenz im Generator und in der Leitung hohe Verluste auftreten. Die erste Amplitude erreicht aber noch annähernd die volle Höhe $u_{c\,max} = 2\,\psi_{d2}$. Sie tritt im Zeitpunkt $t_0 = \pi/\nu$ nach der Lichtbogenlöschung auf. Das Verhältnis

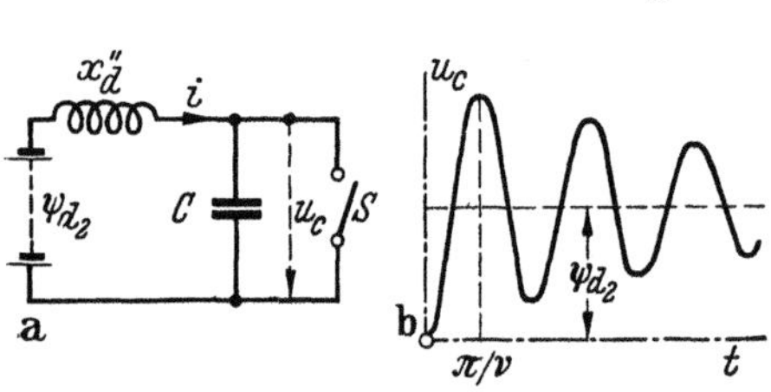

Abb. 42. Hochfrequenter Anteil der wiederkehrenden Spannung. a) Ersatzschaltung, b) Oszillogramm.

$$u_{c\,max} / t_0 = 2 \nu \psi_{d2} / \pi \tag{59}$$

ist die mittlere Steilheit des Spannungsanstiegs. Seine Größe ist ausschlaggebend dafür, ob der Schalter nach der ersten Lichtbogenlöschung definitiv unterbricht, oder ob eine Wiederzündung auftritt. Der extremste Fall tritt auf, wenn sich der Schalter unmittelbar vor den Generatorklemmen befindet, so daß außer einigen Metern Verbindungsleitung sich keine Impedanz mehr dazwischen befindet. In diesem Fall kann ν die Größenordnung 10^3 (50 000 Per./s) und die Steilheit 3 kV/μs erreichen. Bei betriebsmäßigem Schalten in einem Netz sind aber immer wesentlich größere Reaktanzen und Kapazitäten im Spiel. Daher werden dort weder so hohe Frequenzen noch so hohe Steilheiten auftreten.

8.3. Der zweisträngige Kurzschluß. Wir haben beim dreisträngigen Kurzschluß gesehen, daß die Berücksichtigung einer beliebigen Vorbelastung zwar die Rechnung komplizierter macht, aber keine wesentlich neue Erscheinung bewirkt. Wir werden uns daher hier auf den Fall der vorher leer laufenden Maschine beschränken. Abb. 43 zeigt das Schema. Der Schalter S werde zur Zeit $t = 0$ geschlossen. Der Polradwinkel habe in diesem Moment den Wert ϑ_0. Im Gegensatz zum dreisträngigen Kurzschluß werden wir hier einen großen Einfluß des Wertes von ϑ_0 auf den Verlauf des Kurzschlußvorgangs finden. Aus den Gl. (4, 13) folgt die verkettete Spannung der Stränge b und c:

$$u_{bc} = u_b - u_c = u_d \left[\cos\left(\vartheta - \frac{2\pi}{3}\right) - \cos\left(\vartheta + \frac{2\pi}{3}\right)\right] - u_q \left[\sin\left(\vartheta - \frac{2\pi}{3}\right) - \sin\left(\vartheta + \frac{2\pi}{3}\right)\right] \quad (60)$$
$$= \sqrt{3}\,(u_d \sin\vartheta + u_q \cos\vartheta)$$

und ganz entsprechend für die Flußverkettung (Gl. 4, 17) (ψ_0 ist Null wegen $i_0 = 0$, siehe unten):

$$\left.\begin{aligned} \psi_{bc} &= \psi_b - \psi_c = \sqrt{3}\,(\psi_d \sin\vartheta + \psi_q \cos\vartheta)\,, \\ \psi_a &= \psi_d \cos\vartheta - \psi_q \sin\vartheta\,. \end{aligned}\right\} \quad (61)$$

Im Kurzschluß ist mit den Bezeichnungen der Abb. 43

$$i_a = 0\,, \qquad i_b = i\,, \qquad i_c = -i\,. \quad (62)$$

Setzt man das in die Gl. (4, 9) und (4, 10) ein, so folgt:

$$i_d = 2/\sqrt{3}\cdot i\sin\vartheta\,, \qquad i_q = 2/\sqrt{3}\cdot i\cos\vartheta\,, \qquad i_0 = 0\,. \quad (63)$$

Vor dem Kurzschluß ist

$$u_d = \psi_q = 0\,, \qquad u_q = -\psi_d = I_{f0}\,. \quad (64)$$

Im Kurzschlußmoment hat man daher

$$u_{bc0} = \sqrt{3}\,I_{f0}\cos\vartheta_0\,, \qquad \psi_{bc0} = -\sqrt{3}\,I_{f0}\sin\vartheta_0\,. \quad (65)$$

Nach dem Kurzschluß gilt die Spannungsgleichung

$$u_{bc} = -2\,r\,i - d\,\psi_{bc}/dt = 0\,. \quad (66)$$

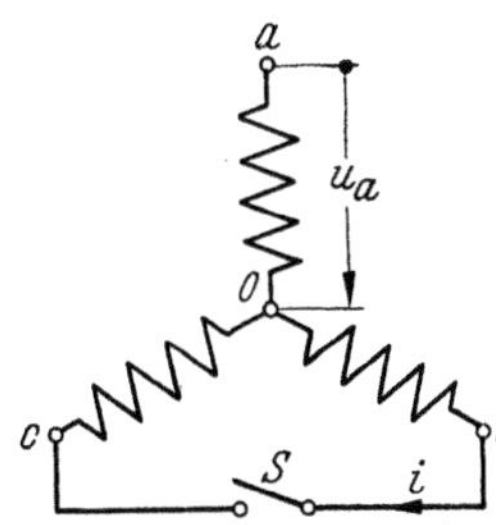

Abb. 43.
Zweisträngiger Kurzschluß.

Um uns einen ersten Einblick in den Charakter des Kurzschlußstromes zu ermöglichen, wenden wir den zuerst von Doherty und Nickle [12] angegebenen Kunstgriff an, alle Wicklungen der Maschine als widerstandslos zu betrachten. Dann werden alle Flüsse mit dem Wert, den sie im Kurzschlußmoment hatten, festgehalten. Gl. (66) können wir sofort integrieren und erhalten ψ_{bc} = konst. = ψ_{bc0}, also

$$\sqrt{3}\,(\psi_d \sin\vartheta + \psi_q \cos\vartheta) = -\sqrt{3}\cdot I_{f0}\sin\vartheta_0\,. \quad (67)$$

Unter der gemachten Voraussetzung werden $\alpha_{d1} = \alpha_{d2} = \alpha_q = \beta_{d1} = \beta_{d2} = \beta_q = 0$ und daher $x_d(p) = x_d''$, $x_q(p) = x_q''$. Daher werden die Flußverkettungen einfach

$$\left.\begin{aligned} \psi_d &= -I_{f0} + x_d'' i_d = -I_{f0} + 2/\sqrt{3}\cdot x_d'' i\cdot\sin\vartheta \\ \psi_q &= x_q'' i_q = 2/\sqrt{3}\cdot x_q'' i\cdot\cos\vartheta\,. \end{aligned}\right\} \quad (68)$$

Setzt man (68) in (67) ein und löst nach i auf, so folgt

$$i = \frac{\sqrt{3}}{2} \cdot I_{f0} \cdot \frac{\sin\vartheta - \sin\vartheta_0}{x_d'' \sin^2\vartheta + x_q'' \cos^2\vartheta}. \tag{69}$$

Diese Gleichung gibt also den Verlauf des Kurzschlußstromes wieder, solange sich die Dämpfung noch nicht bemerkbar macht. Für eine Maschine mit guter Dämpferwicklung ($x_q'' \approx x_d''$) unterscheidet sich der Verlauf von i nicht wesentlich von demjenigen beim dreisträngigen Kurzschluß. Je größer jedoch der Unterschied zwischen x_q'' und x_d'' wird, desto stärker wird der Kurzschlußstrom verzerrt. Für Maschinen ohne vollständige Dämpferwicklung ist $x_q'' \approx 2\,x_d''$ ein typischer Wert. In Abb. 44 ist der Verlauf des Kurzschlußstromes für dieses Verhältnis dargestellt. Abb. 44a gilt für den Kurzschlußmoment $\vartheta_0 = 0$ ($u_{bc0} = u_{max}$), Fig. 44b für $\vartheta_0 = -\pi/2$ ($u_{bc0} = 0$). In Abb. 45 ist der zugehörige Verlauf des Feldstromes dargestellt. Diesen erhält man aus

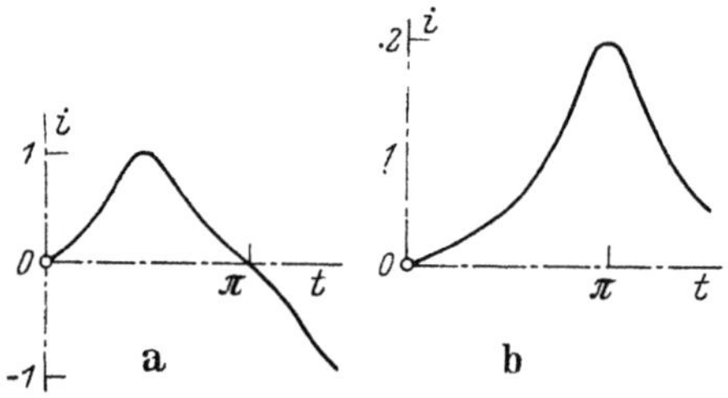

Abb. 44. Anfangsverlauf des Statorstroms im zweisträngigen Kurzschluß. a) Kurzschluß im Spannungsmaximum, b) im Nulldurchgang der Spannung. ($x_q'' = 2\,x_d''$.)

$$i_f = I_{f0} + i_d\, x_d\,(1 - \sigma_{df})\,\mu_D / \sigma_{fD} = I_{f0} + 2/\sqrt{3} \cdot x_d\,(1 - \sigma_{df})\,\mu_D / \sigma_{fD} \cdot i \cdot \sin\vartheta \tag{70}$$

und speziell für eine Maschine ohne Dämpferwicklung aus

$$i_f = I_{f0} + 2/\sqrt{3}\,(x_d - x_d')\,i \cdot \sin\vartheta. \tag{70a}$$

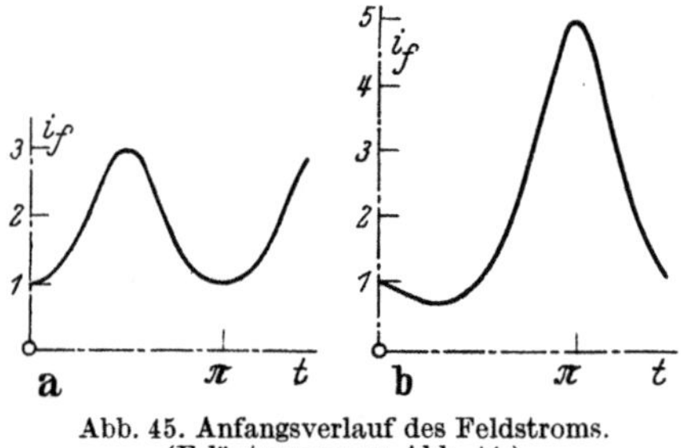

Abb. 45. Anfangsverlauf des Feldstroms. (Erläuterungen s. Abb. 44.)

Der Nenner von (69) schwankt bei einer unsymmetrischen Maschine zwischen den Werten x_d'' und x_q'' periodisch hin und her. Die Periode der Schwankung beträgt π. Wir können daher den Ausdruck $1/(x_d'' \sin^2\vartheta + x_q'' \cos^2\vartheta)$ durch eine Fouriersche Reihe der Form $a_0 + a_1 \cos 2\vartheta + a_2 \cos 4\vartheta + \cdots$ darstellen. Die Durchführung der Rechnung ergibt (siehe Doherty und Nickle [12])

$$\frac{1}{x_d'' \sin^2\vartheta + x_q'' \cos^2\vartheta} = \frac{2}{(1+b)\left(x_d'' + \sqrt{x_d'' x_q''}\right)} \times \tag{71}$$
$$\times (1 - 2b\cos 2\vartheta + 2b^2 \cos 4\vartheta - 2b^3 \cos 6\vartheta + \ldots).$$

Die Größe
$$b = \frac{\sqrt{x_q''} - \sqrt{x_d''}}{\sqrt{x_q''} + \sqrt{x_d''}} \tag{72}$$
ist ein Maß für die Unsymmetrie der Dämpferwicklung. Für eine Maschine ohne Dämpferwicklung ist $x_q''/x_d'' = x_q/x_d' \approx 2$ und daher $b \approx 0{,}17$.

Ebenso wie der Anfangswert wird auch der stationäre Endwert des Kurzschlußstromes aus einem grundfrequenten und einer Reihe höher frequenter Anteile zusammengesetzt sein. Wir nennen die Amplitude der Grundharmonischen $\hat{i}_1$, den aus Oberwellen bestehenden Rest i_r; können also den zweisträngigen Dauerkurzschlußstrom schreiben
$$i_s = \hat{i}_1 \sin\vartheta + i_r. \tag{73}$$
Daher wird
$$\left.\begin{aligned} i_{ds} &= 2/\sqrt{3} \cdot i_s \sin\vartheta = \hat{i}_1/\sqrt{3}\,(1 - \cos 2\vartheta) + 2/\sqrt{3} \cdot i_r \sin\vartheta \\ i_{qs} &= 2/\sqrt{3} \cdot i_s \cos\vartheta = \hat{i}_1/\sqrt{3} \cdot \sin 2\vartheta + 2/\sqrt{3} \cdot i_r \cos\vartheta. \end{aligned}\right\} \tag{74}$$
i_{ds} enthält den konstanten Anteil $\hat{i}_1/\sqrt{3}$. Für diesen ist also die synchrone Reaktanz x_d maßgebend. Der Rest $-\hat{i}_1/\sqrt{3}\cos 2\vartheta + 2/\sqrt{3} \cdot i_r \sin\vartheta$ enthält ausschließlich Anteile, die mit der zweifachen Grundfrequenz und noch höheren Frequenzen schwingen. Für diese rasch veränderlichen Anteile ist daher die Reaktanz x_d'' maßgebend. i_{qs} besteht ausschließlich aus rasch veränderlichen Anteilen. Daher kann man schreiben
$$\left.\begin{aligned} \psi_{ds} &= \hat{i}_1/\sqrt{3} \cdot x_d - I_{fo} + 1/\sqrt{3}\,(2\,i_r \sin\vartheta - \hat{i}_1 \cos 2\vartheta)\, x_d'' \\ \psi_{qs} &= i_{qs}\, x_q'' = 1/\sqrt{3}\,(2\,i_r \cos\vartheta + \hat{i}_1 \sin 2\vartheta)\, x_q''. \end{aligned}\right\} \tag{75}$$
Im eingeschwungenen Zustand muß nun
$$\psi_{bc} = \sqrt{3}\,(\psi_{ds} \sin\vartheta + \psi_{qs} \cos\vartheta) = 0 \tag{76}$$
sein. Setzt man (75) darin ein, so folgt
$$\begin{aligned} &(\hat{i}_1 x_d - \sqrt{3}\, I_{fo}) \sin\vartheta + (2\,i_r \sin^2\vartheta - \hat{i}_1 \sin\vartheta \cos 2\vartheta)\, x_d'' + \\ &+ (2\,i_r \cos^2\vartheta + \hat{i}_1 \sin 2\vartheta \cos\vartheta)\, x_q'' = [\hat{i}_1 (x_d - x_d'') - \\ &- \sqrt{3}\, I_{fo}] \sin\vartheta + 2\,i_s (x_d'' \sin^2\vartheta + x_q'' \cos^2\vartheta) = 0. \end{aligned} \tag{77}$$
Daraus erhält man also
$$i_s = \frac{[\sqrt{3}\, I_{fo} - \hat{i}_1 (x_d - x_d'')] \sin\vartheta}{2 \cdot (x_d'' \sin^2\vartheta + x_q'' \cos^2\vartheta)}. \tag{78}$$
Führt man darin die Reihe (71) ein, so kann man schreiben:
$$\hat{i}_1 \sin\vartheta + i_r = \frac{\sqrt{3}\, I_{fo} - \hat{i}_1 (x_d - x_d'')}{x_d'' + \sqrt{x_d'' x_q''}} (\sin\vartheta - b \sin 3\vartheta + b^2 \sin 5\vartheta - \ldots). \tag{79}$$

Da i_r nur höhere Harmonische enthält, müssen die beiden Glieder mit $\sin\vartheta$ auf der linken und rechten Seite von (79) für sich gleich sein, also

$$\hat{i}_1 = \frac{\sqrt{3}\, I_{f0} - \hat{i}_1 (x_d - x_d'')}{x_d'' + \sqrt{x_d'' x_q''}},$$

oder

$$\hat{i}_1 = \frac{\sqrt{3}\, I_{f0}}{x_d + \sqrt{x_d'' x_q''}}. \tag{80}$$

Daher

$$\begin{aligned} i_s &= \frac{\sqrt{3}\, I_{f0}}{x_d + \sqrt{x_d'' x_q''}} (\sin\vartheta - b\cdot\sin 3\vartheta + b^2 \sin 5\vartheta - \ldots) \\ &= \frac{\sqrt{3}\, I_{f0} \sin\vartheta}{2(x_d'' \sin^2\vartheta + x_q'' \cos^2\vartheta)} \cdot \frac{x_d'' + \sqrt{x_d'' x_q''}}{x_d + \sqrt{x_d'' x_q''}}. \end{aligned} \tag{81}$$

Der Dauerkurzschlußstrom hat also genau die gleiche Form wie der Anfangskurzschlußstrom im Fall $\vartheta_0 = 0$ (Abb. 44a); nur ist seine Amplitude im Verhältnis $x_d'' + \sqrt{x_d'' x_q''} \,/\, x_d + \sqrt{x_d'' x_q''}$ kleiner.

Die Grundharmonische des Stoßkurzschlußstromes folgt aus (69) und (71) zu $\sqrt{3}\, I_{f0}/(x_d'' + \sqrt{x_d'' x_q''})$. Dies legt zusammen mit Gl. (80) für die Grundharmonische des Dauerstromes die Auffassung nahe, daß, abgesehen von den Oberwellen, die durch die Reihe (71) berücksichtigt werden, der Kurzschlußvorgang ganz ähnlich abläuft, wie der dreisträngige Kurzschluß. Nur treten an Stelle der Reaktanzen x_d'', x_d' und x_d stets die um den Betrag $\sqrt{x_d'' x_q''}$ vermehrten auf. Es ist also genau so, wie wenn diese Reaktanz jedem Strang außen vorgeschaltet wäre. Eine ganz ähnliche Auffassung ergab sich im Abschnitt 6.4 für den stationären Betrieb der Einphasenmaschine; nur war dort die vorzuschaltende Reaktanz $x_2 = \frac{1}{2}(x_d'' + x_q'')$. Der neue Wert ist etwas kleiner als x_2; der Unterschied ist aber immer gering.

Auf Grund dieser Auffassung machen wir daher für den Gesamtverlauf des Kurzschlußstromes den Ansatz:

$$\begin{aligned} i = {} & \frac{\sqrt{3}\, I_{f0}\left(x_d'' + \sqrt{x_d'' x_q''}\right)}{2(x_d'' \sin^2\vartheta + x_q'' \cos^2\vartheta)} \left\{\left[\frac{1}{x_d + \sqrt{x_d'' x_q''}} + \left(\frac{1}{x_d' + \sqrt{x_d'' x_q''}} - \frac{1}{x_d + \sqrt{x_d'' x_q''}}\right) e^{-\beta' t}\right.\right. \\ & \left.\left. + \left(\frac{1}{x_d'' + \sqrt{x_d'' x_q''}} - \frac{1}{x_d' + \sqrt{x_d'' x_q''}}\right) e^{-\beta'' t}\right] \sin\vartheta - \frac{\sin\vartheta_0}{x_d'' + \sqrt{x_d'' x_q''}}\, e^{-\alpha_r t}\right\}. \end{aligned} \tag{82}$$

Darin müssen nur noch die beiden Dämpfungsdekremente β' und β'' bestimmt werden. Im dreisträngigen Kurzschluß waren es die Wurzeln der Gleichung $x_d(p) = 0$. Nach dem oben Gesagten liegt die Vermutung nahe, daß die hier auftretenden Dekremente entsprechend als Wurzeln

der Gleichung
$$x_d(p) + \sqrt{x_d'' x_q''} = 0 \tag{83}$$
zu bestimmen sind. Mit Gl. (5,52) für $x_d(p)$ und Gl. (72) läßt sich das schreiben:
$$p^2 + p(\beta' + \beta'') + \beta'\beta'' = p^2 + p\,\frac{(1-b)(\beta_{d1}+\beta_{d2}) + (1+b)(\alpha_{d1}+\alpha_{d2})}{2} + \\ + \frac{(1-b)\,\beta_{d1}\beta_{d2} + (1+b)\,\alpha_{d1}\alpha_{d2}}{2} = 0\,, \tag{84}$$

Die obige Herleitung der Gl. (82) und (84) folgt im wesentlichen den Gedankengängen der Arbeit von DOHERTY und NICKLE. Sie gilt für kleine Widerstände das heißt, etwa mit dem gleichen Näherungsgrad wie die Gl. (5, 99) und (5, 100) für den dreisträngigen Kurzschluß. Die genaue Ableitung der Formeln für beliebig große Widerstände ist hier noch wesentlich langwieriger als dort. Es sei hier nur kurz der einzuschlagende Weg skizziert, ohne die Rechnung durchzuführen. Wenn wir die Widerstände der Feld- und Dämpferwicklungen nicht vernachlässigen, haben wir statt der Gl. (68) die Gleichungen
$$\tilde{\psi}_d = -I_{fo} + \tilde{i}_d\, x_d(p)\,, \qquad \tilde{\psi}_q = \tilde{i}_q\, x_q(p) \tag{85}$$
im Bildbereich. Wir führen die Funktionen
$$\left.\begin{aligned} &\xi_d(t) = x_d\,(1 - A_{d1}\,e^{-\alpha_{d1}t} - A_{d2}\,e^{-\alpha_{d2}t}) \\ \text{und}\quad &\xi_q(t) = x_q\,(1 - A_q\,e^{-\alpha_q t}) \end{aligned}\right\} \tag{86}$$
ein, die als Originalfunktionen den Funktionen $x_d(p)$ und $x_q(p)$ im Bildbereich entsprechen. Dann können wir mit Hilfe des Faltungssatzes (Anhang II, 15) schreiben:
$$\left.\begin{aligned} \psi_d &= -I_{fo} + \frac{d}{dt}[i_d * \xi_d(t)] = -I_{fo} + \frac{2}{\sqrt{3}}\, i\cdot\sin\vartheta\, x_d'' + \\ &\qquad + \frac{2}{\sqrt{3}}[i\cdot\sin\vartheta * \xi_d'(t)]\,, \\ \psi_q &= \frac{d}{dt}[i_q * \xi_q(t)] = \frac{2}{\sqrt{3}}\, i\cdot\cos\vartheta\, x_q'' + \frac{2}{\sqrt{3}}[i\cdot\cos\vartheta * \xi_q'(t)]\,. \end{aligned}\right\} \tag{87}$$

Durch einmalige Integration von Gl. (66) erhalten wir nun
$$\psi_{bc} = \sqrt{3}\,(\psi_d \sin\vartheta + \psi_q\cos\vartheta) = -\sqrt{3}\cdot I_{fo}\sin\vartheta_o - 2r\int_0^t i(\tau)\,d\tau\,. \tag{88}$$

Setzen wir (87) darin ein, so erhalten wir schließlich nach einigen Umstellungen
$$i(t)\,2\,(x_d''\sin^2\vartheta + x_q''\cos^2\vartheta) + \int_0 i(\tau)\big\{2r + \cos(t-\tau)\,[\xi_d'(t-\tau) + \\ + \xi_q'(t-\tau)] + \cos(t+\tau+2\vartheta_o)\,[\xi_q'(t-\tau) - \xi_d'(t-\tau)]\big\}\,d\tau \\ = \sqrt{3}\cdot I_{fo}\,(\sin\vartheta - \sin\vartheta_o)\,. \tag{89}$$

Das ist eine lineare Integralgleichung für $i(t)$, die die Lösung unter genauer Berücksichtigung aller Widerstände ermöglicht. Für uns wesentlich ist nur, daß die Lösung für den Grenzfall kleiner Widerstände tatsächlich zu der mehr überlegungsmäßig gefundenen Gl. (82) mit Gl. (84) für die Dämpfungsdekremente führt.

Außer dem Verlauf der Ströme ist auch derjenige der Spannung am offenen Strang von Interesse. Wir begnügen uns hier damit, die beiden Grenzfälle, den Anfangs- und den Endzustand, zu untersuchen. Durch Einsetzen der beiden Ausdrücke (68) in die zweite Gl. (61) erhalten wir:

$$\psi_a = \psi_d \cos\vartheta - \psi_q \sin\vartheta = -I_{f0}\cos\vartheta - 2/\sqrt{3}\cdot i\,(x_q'' - x_d'')\sin\vartheta\cos\vartheta$$

und nach Einsetzen von i aus (69):

$$\psi_a = -I_{f0}\cos\vartheta\cdot\frac{x_q'' - (x_q'' - x_d'')\sin\vartheta\sin\vartheta_0}{x_d''\sin^2\vartheta + x_q''\cos^2\vartheta} \tag{90}$$

und daraus:

$$u_a = -d\psi_a/dt = -d\psi_a/d\vartheta\,,$$

$$u_a = -I_{f0}\frac{x_d'' x_q''\sin\vartheta - (x_q'' - x_d'')\left[x_q''\sin\vartheta\cos^2\vartheta - (x_q''\cos^2\vartheta - x_d''\sin^2\vartheta)\sin\vartheta_0\right]}{(x_d''\sin^2\vartheta + x_q''\cos^2\vartheta)^2} \tag{91}$$

Für den Fall $\vartheta_0 = 0$ ($u_{bco\,max}$) wird

$$\begin{aligned} u_a &= -I_{f0}\frac{\left[x_d'' - (x_q'' - x_d'')\cos^2\vartheta\right]x_q''\sin\vartheta}{(x_d''\sin^2\vartheta + x_q''\cos^2\vartheta)^2}\\ &= -I_{f0}\frac{x_d'' - (x_q'' - x_d'')\cos^2\vartheta}{x_d'' + (x_q'' - x_d'')\cos^2\vartheta}\cdot\frac{x_q''\cdot\sin\vartheta}{x_d''\sin^2\vartheta + x_q''\cos^2\vartheta}\,, \end{aligned} \tag{92}$$

und für $\vartheta_0 = -\pi/2$ ($u_{bco} = 0$):

$$u_a = -I_{f0}\frac{x_d'' x_q'' - (x_d''^2\sin^2\vartheta + x_q''^2\cos^2\vartheta) + \left[x_d'' - (x_q'' - x_d'')\cos^2\vartheta\right]x_q''\sin\vartheta}{(x_d''\sin^2\vartheta + x_q''\cos^2\vartheta)^2}\,. \tag{93}$$

Der Verlauf der Spannung in den beiden Fällen ist in Abb. 46 dargestellt, wieder für eine Maschine mit $x_q'' = 2\,x_d''$. Im Fall $\vartheta_0 = 0$ (Abb. 46a) erreicht die Spannung ¼ Periode nach dem Kurzschließen den Maximalwert

$$u_{a\,max} = -I_{f0}\cdot x_q''/x_d''\,. \tag{94}$$

Im Fall $\vartheta_0 = -\pi/2$ (Abb. 46b) tritt das Maximum erst eine halbe Periode nach dem Kurzschließen auf, erreicht aber den höheren Maximalwert

$$u_{a\,max} = -I_{f0}\cdot(2x_q''/x_d'' - 1)\,. \tag{95}$$

Für Maschinen mit unvollständiger Dämpferwicklung kann das Verhältnis x_q''/x_d'' in extremen Fällen den Wert 3 erreichen. Das ergibt im ungünstigen Kurzschlußmoment die 5fache Leerlaufspannung am offenen Strang. Noch höhere Überspannungen können bei solchen Maschinen auftreten, wenn der Generator auf eine Freileitung arbeitet, so daß der offene Strang mit deren Kapazität belastet ist. Dieser für die Rechnung schon sehr komplizierte Fall wurde eingehend untersucht von CLARKE, WEYGANDT und CONCORDIA [32]. Sie finden in einem extremen Fall die 8fache Nennspannung als Überspannung. Bei Maschinen mit vollständiger Dämpferwicklung sind x_q'' und x_d'' nahezu gleich und die Überspannung bleibt in allen Fällen in harmlosen Grenzen.

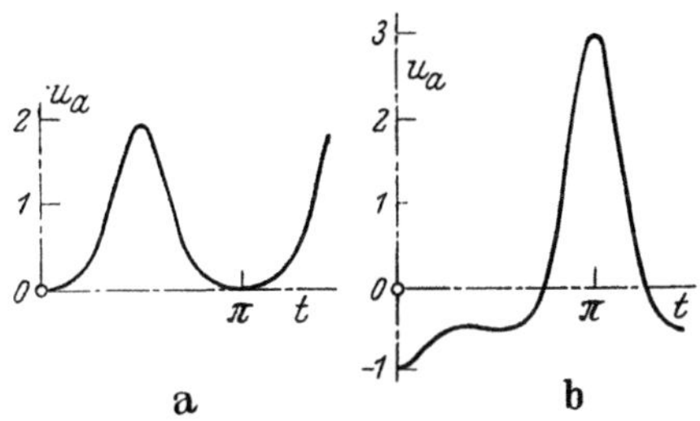

Abb. 46. Spannung am offenen Strang. (Erläuterungen s. Abb. 44.)

Im stationären Kurzschluß haben wir in (61) ψ_d und ψ_q nach Gl. (75) einzusetzen.

Wir erhalten:

$$\psi_a = \psi_d \cos\vartheta - \psi_q \sin\vartheta = \left(\frac{\hat{\imath}_1 x_d}{\sqrt{3}} - I_{f0}\right)\cos\vartheta + \frac{1}{\sqrt{3}}(\hat{\imath}_r \sin 2\vartheta -$$

$$- \hat{\imath}_1 \cos\vartheta \cos 2\vartheta)\, x_d'' - \frac{1}{\sqrt{3}}(\hat{\imath}_r \sin 2\vartheta + \hat{\imath}_1 \sin\vartheta \sin 2\vartheta)\, x_q''$$

$$= \left[\frac{\hat{\imath}_1}{\sqrt{3}}\left(x_d - x_d''\right) - I_{f0}\right]\cos\vartheta - \frac{\hat{\imath}_s}{\sqrt{3}}(x_q'' - x_d'')\sin 2\vartheta. \qquad (96)$$

Darin setzen wir noch $\hat{\imath}_1$ nach (80) und $\hat{\imath}_s$ nach (81) ein und finden

$$\psi_a = - I_{f0} \cdot \frac{x_d'' + \sqrt{x_d'' x_q''}}{x_d + \sqrt{x_d'' x_q''}} \cdot \frac{x_q'' \cdot \cos\vartheta}{x_d'' \sin^2\vartheta + x_q'' \cos^2\vartheta}. \qquad (97)$$

Das ist bis auf den Faktor $x_d'' + \sqrt{x_d'' x_q''}/(x_d + \sqrt{x_d'' x_q''})$ der Ausdruck (90) für $\vartheta_0 = 0$. Die stationäre Spannung am offenen Strang hat daher den gleichen Verlauf wie in Abb. 46a gezeichnet, nur ist sie im gleichen Verhältnis wie der Kurzschlußstrom kleiner. Setzen wir in (97) die Reihe (71) ein, so erhalten wir:

$$\psi_a = - I_{f0} \cdot \frac{2\sqrt{x_d'' x_q''}}{x_d + \sqrt{x_d'' x_q''}}(\cos\vartheta - b \cdot \cos 3\vartheta + b^2 \cos 5\vartheta - \ldots), \qquad (98)$$

und daher:

$$u_a = -d\psi_a/d\vartheta = - I_{f0} \cdot \frac{2\sqrt{x_d'' x_q''}}{x_d + \sqrt{x_d'' x_q''}}(\sin\vartheta - 3b \cdot \sin 3\vartheta + 5b^2 \sin 5\vartheta - \ldots). \qquad (99)$$

[1] Die Fortsetzung der Kurve in a muß nach unten umgeklappt sein.

Die Grundharmonische der Spannung ist also:

$$\hat{u}_{a1} = I_{fo} \cdot \frac{2\sqrt{x_d'' x_q''}}{x_d + \sqrt{x_d'' x_q''}} . \tag{100}$$

Die Spannung hat eine dritte Harmonische, die 3b mal die Grundharmonische, eine 5., die $5b^2$ mal die Grundharmonische ist, usw. Demgegenüber ist der Kurzschlußstrom nach (79) und (80)

$$i = \frac{\sqrt{3} \cdot I_{fo}}{x_d + \sqrt{x_d'' x_q''}} (\sin\vartheta - b \cdot \sin 3\vartheta + b^2 \sin 5\vartheta - \dots) . \tag{101}$$

Seine dritte Harmonische ist nur das b-fache, die 5. das b^2-fache der Grundharmonischen. Die Spannung an der offenen Phase ist also stärker verzerrt als der Kurzschlußstrom, wie auch aus dem Vergleich von Abb. 44 mit Abb. 46 hervorgeht. Bestimmt man z. B. aus Oszillogrammen die Grundharmonische der Spannung u_a und des Stromes i, so findet man daraus

$$\hat{u}_{a1}/\hat{i}_1 = 2/\sqrt{3} \cdot \sqrt{x_d'' x_q''} . \tag{102}$$

Bequemer ist die Messung der Effektivwerte von u_a und i. Aus (99) folgt

$$\begin{aligned} u_{a\,eff} &= I_{fo} \cdot \frac{\sqrt{2} \cdot \sqrt{x_d'' x_q''}}{x_d + \sqrt{x_d'' x_q''}} \cdot \sqrt{1 + 9b^2 + 25b^4 + 49b^6 + \dots}, \\ &= I_{fo} \cdot \frac{\sqrt{2} \cdot \sqrt{x_d'' x_q''}}{x_d + \sqrt{x_d'' x_q''}} \cdot \sqrt{\frac{1 + 6b^2 + b^4}{(1 - b^2)^3}} = I_{fo} \cdot \frac{\sqrt{x_d''^2 + x_q''^2}}{\left(x_d + \sqrt{x_d'' x_q''}\right) \cdot \sqrt{1 - b^2}} \end{aligned} \tag{103}$$

und aus (101)

$$i_{eff} = \frac{\sqrt{3/2} \cdot I_{fo}}{x_d + \sqrt{x_d'' x_q''}} \sqrt{1 + b^2 + b^4 + b^6 + \dots} = \frac{\sqrt{3/2} \cdot I_{fo}}{x_d + \sqrt{x_d'' x_q''}} \cdot \frac{1}{\sqrt{1 - b^2}} . \tag{104}$$

Daraus wird das Verhältnis:

$$u_{a\,eff}/i_{eff} = \sqrt{2/3 \cdot (x_d''^2 + x_q''^2)} . \tag{105}$$

Je besser die Symmetrie der Maschine ist, desto mehr nähern sich die beiden Verhältnisse (102) und (105) dem Wert $2\,x_2/\sqrt{3}$, wo $x_2 = (x_d'' + x_q'')/2$ die früher definierte Gegenfeldreaktanz ist. Bei unsymmetrischen Maschinen liegt x_2 zwischen den aus (102) und (105) erhaltenen Resultaten. Für eine Maschine mit $x_q'' = 2\,x_d''$ gibt (102) $0{,}943 \cdot x_2$ und (105) $1{,}054 \cdot x_2$.

Ganz ähnlich wie beim zweisträngigen Kurzschluß gestaltet sich die Behandlung des einsträngigen Kurzschlusses (Kurzschluß zwischen einer Klemme und dem Sternpunkt) und beim Doppelerdschluß (gleichzeitiger Kurzschluß zwischen zwei Klemmen und Sternpunkt). Man hat nur statt der Reaktanz $\sqrt{x_d'' x_q''}$ die Reaktanz $x_0 + \sqrt{x_d'' x_q''}$ sich jedem Strang vorgeschaltet zu denken. Da nichts grundsätzlich Neues dabei auftritt, werden wir hier nicht weiter auf diese beiden Fälle eingehen.

8.4. Das Drehmoment im Kurzschluß. Neben den Strömen und Spannungen interessiert noch besonders das Drehmoment, das während der Kurzschlußvorgänge auftritt. Seine Bestimmung ist verhältnismäßig einfach, nachdem einmal die Ströme und Flußverkettungen bekannt sind. Man hat diese nur in die Formel $m = \psi_q i_d - \psi_d i_q$ einzusetzen. Wir wollen hier der Kürze halber nur das Drehmoment in den ersten Perioden nach Eintritt des Kurzschlusses betrachten. Dieses ist auch praktisch am wichtigsten, da es die höchsten mechanischen Beanspruchungen verursacht. In diesem Fall gestaltet sich die Rechnung ziemlich einfach, da man alle Dämpfungen vernachlässigen kann.

Im dreisträngigen Kurzschluß, ausgehend vom Leerlauf, haben wir nach (5, 88, 91 und 94)

$$\psi_d = -I_{f0} \cdot \cos(t), \qquad \psi_q = I_{f0} \cdot \sin(t),$$
$$i_d = I_{f0}/x_d'' \cdot [1 - \cos(t)], \qquad i_q = I_{f0}/x_q'' \cdot \sin(t)$$

und daher
$$m = I_{f0}^2 \left[\frac{1}{x_d''} \sin(t) - \frac{1}{2}\left(\frac{1}{x_d''} - \frac{1}{x_q''}\right) \sin(2t)\right]. \tag{106}$$

Bei symmetrischer Maschine erreicht das Drehmoment also die Amplitude I_{f0}^2/x_d''; bei starker Unsymmetrie ($x_q'' \approx 3\,x_d''$) wird die Amplitude noch 16% größer (bei $t \approx 2$ rad).

Für den zweisträngigen Kurzschluß erhalten wir mit Rücksicht auf die Gl. (63) und (61)

$$m = \psi_q i_d - \psi_d i_q = 2/\sqrt{3} \cdot i\,(\psi_q \sin\vartheta - \psi_d \cos\vartheta) = -2/\sqrt{3} \cdot i\,\psi_a. \tag{107}$$

Setzen wir i nach Gl. (69) und ψ_a nach (90) ein, so finden wir

$$m = I_{f0}^2 \cos\vartheta\,(\sin\vartheta - \sin\vartheta_0)\,\frac{x_q'' - (x_q'' - x_d'')\sin\vartheta\sin\vartheta_0}{(x_d''\sin^2\vartheta + x_q''\cos^2\vartheta)^2}. \tag{108}$$

Wir betrachten zuerst eine symmetrische Maschine. Dafür vereinfacht sich (108) auf

$$m = I_{f0}^2/x_d'' \cdot \left(\frac{1}{2}\sin 2\vartheta - \sin\vartheta_0 \cos\vartheta\right) \tag{109}$$

und speziell

$$\left.\begin{aligned} m &= I_{f0}^2/2\,x_d'' \cdot \sin(2t), && \text{für } \vartheta_0 = 0, \\ m &= I_{f0}^2/x_d'' \cdot \left(\sin(t) - \frac{1}{2}\sin(2t)\right), && \text{für } \vartheta_0 = -\pi/2. \end{aligned}\right\} \tag{110}$$

Während im ersten Fall (Kurzschluß bei $u_{bc\,max}$) nur das halbe Drehmoment wie beim dreisträngigen Kurzschluß auftritt, erhält man im zweiten Fall (Kurzschluß bei $u_{bc} = 0$) als höchste Amplitude

$$m_{max} = 1{,}30 \cdot I_{fo}^2/x_d'' , \qquad \text{bei } t = 2{,}1 \text{ rad}. \qquad (111)$$

Das ist (bei gleicher Erregung) das höchste Drehmoment, das bei einer symmetrischen Maschine bei den verschiedenen Kurzschlußarten auftreten kann. Die Unsymmetrie kann jedoch diesen Wert noch einmal wesentlich erhöhen. Um einen Begriff vom Einfluß der Unsymmetrie zu geben, ist in Abb. 47 der Verlauf von m dargestellt. Abb. 47a und b gelten für $x_q'' = x_d''$; Abb. 47c und d für $x_q'' = 2\,x_d''$, a und c gelten für

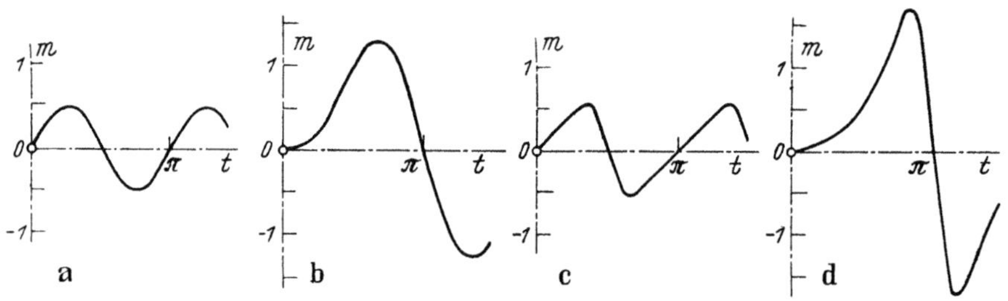

Abb. 47. Drehmoment im zweisträngigen Kurzschluß. a, b) $x_q'' = x_d''$, c, d) $x_q'' = 2\,x_d''$ a, c) u_{bco} = max., b, d) $u_{bco} = 0$.

$\vartheta_0 = 0$, b und d für $\vartheta_0 = -\pi/2$. Man erkennt, daß im ungünstigsten Fall das Drehmoment etwa das 1,8fache desjenigen im dreisträngigen Kurzschluß erreichen kann.

Eine angenäherte Berücksichtigung des Einflusses der Widerstände ist leicht möglich. Die in den verschiedenen Stromkreisen auftretenden Verluste, die mit den bekannten Werten der Ströme berechnet werden können, wirken als bremsendes Drehmoment, addieren sich also in der ersten Halbwelle zu den oben gefundenen Werten. Das gibt einen Zuschlag, der bei Maschinen mit Dämpferwicklung etwa $0{,}1 \cdot I_{fo}^2/x_d''$ erreicht. Bei Maschinen ohne Dämpferwicklung ist der Zuschlag vernachlässigbar. Bei Maschinen mit Dämpferwicklung kann also etwa $1{,}4 \cdot I_{fo}^2/x_d''$ als größtes Drehmoment auftreten, bei solchen ohne Dämpferwicklung $1{,}8 \cdot I_{fo}^2/x_d''$. Eine weitere Erhöhung dieser Werte ist möglich, wenn der Kurzschluß nicht unmittelbar an den Maschinenklemmen auftritt, sondern über einen äußern Widerstand, der ein Vielfaches des Statorwiderstandes beträgt, aber doch noch nicht groß genug ist, um den Kurzschlußstrom wesentlich herabzusetzen.

Literaturverzeichnis.

Das nachfolgende Verzeichnis enthält die für die Entwicklung der Theorie grundlegenden Arbeiten ziemlich vollständig. Von den späteren sehr zahlreichen Arbeiten, die den Anwendungen gewidmet sind (fast alle im „Electrical Engineering“ oder in den „AIEE-Transactions“), sind nur einige aufgeführt, die unmittelbar benützt wurden.

1 Blondel, A.: C. R. Acad. Sci., Paris, t. 156 (1913), S. 545.

2 Blondel, A.: C. R. Acad. Sci., Paris, t. 168 (1919), S. 376, 439, 587.

3 Blondel, A.: Compléments à la théorie des alternateurs à deux reactions. Rev. gén. Électr., t. 12 (1922), S. 203, 235.

4 Blondel, A.: Application de la méthode des deux réactions à l'étude des phénomènes oscillatoires des alternateurs couplés. Rev. gén. Électr., t. 13 (1923), S. 235, 275, 331, 387, 515.

5 Dreyfus, L.: Einführung in die Theorie der selbsterregten Schwingungen synchroner Maschinen. Elektrotechn. u. Masch.-Bau 29 (1911), S. 323, 345.

6 Dreyfus, L.: Freie magnetische Energie zwischen verketteten Mehrphasensystemen. Elektrotechn. u. Masch.-Bau 29 (1911), S. 891.

7 Dreyfus, L.: Ausgleichsvorgänge in der symmetrischen Mehrphasenmaschine. Elektrotechn. u. Masch.-Bau 30 (1912), S. 25, 121, 139.

8 Dreyfus, L.: Ausgleichsvorgänge beim plötzlichen Kurzschluß von Synchrongeneratoren. Arch. Elektrotechn. 5 (1916), S. 103.

9 Biermanns, J.: Überströme in Hochspannungsanlagen. Berlin 1926.

10 Doherty, R. E. u. C. A. Nickle: Synchronous Machines I & II. An Extension of Blondel's Two-Reaction Theory. Trans. Amer. Inst. electr. Engrs. 45, (1926), S. 912, 927.

11 Doherty, R. E. u. C. A. Nickle: Synchronous Machines III, Torque-Angle Characteristics under Transient Conditions. Trans. Amer. Inst. electr. Engrs. 46 (1927), S. 1.

12 Doherty, R. E. u. C. A. Nickle: Synchronous Machines IV, Single-Phase Short Circuits. Trans. Amer. Inst. electr. Engrs. 47 (1928), S. 457.

13 Doherty, R. E. u. C. A. Nickle: Synchronous Machines V, Three-Phase Short Circuits. Trans. Amer. Inst. electr. Engrs. 49 (1930), S. 700.

14 Park, R. H. u. B. L. Robertson: The Reactances of Synchronous Machines. Trans. Amer. Inst. electr. Engrs. 47 (1928), S. 514.

15 Park, R. H.: Definition of an Ideal Synchronous Machine and Formula for the Armature Flux Linkages. Gen. Electr. Rev. 31 (1928), S. 332.

16 Park, R. H.: Two-Reaction Theory of Synchronous Machines, Generalized Method of Analysis. Part I. Trans. Amer. Inst. electr. Engrs. 48 (1929), S. 716.

17 Park, R. H.: Two-Reaction Theory of Synchronous Machines II. Trans. Amer. Inst. electr. Engrs. 52 (1933), S. 352.

18 Waring, M. L. u. S. B. Crary: Operational Impedances of a Synchronous Machine. Gen. Electr. Rev. 35 (1932), S. 578.

19 Waring, M. L. u. S. B. Crary: Torque-Angle Characteristics of Synchronous Machines following System Disturbances. Trans. Amer. Inst. electr. Engrs. 51 (1932), S. 764.

20 WAGNER, C. F. u. R. D. EVANS: Symmetrical Components. New York 1933.

21 KRON, G.: Non-Riemannian Dynamics of Rotating Electrical Machinery. J. Math. Phys. (MIT), 13 (1934), S. 103.

22 KRON, G.: The Application of Tensors to the Analysis of Rotating Electrical Machinery. Gen. Electr. Rev. 38 (1935), 40 (1937).

23 LAUDER, A. H.: Salient Pole Motors out of Synchronism. Electr. Engng. 55 (1936), S. 636.

24 RANKIN, A. W.: Per-Unit Impedances of Synchronous Machines. Trans. Amer. Inst. electr. Engrs. 64 (1945), S. 569, 839.

25 A. I. E. E.: American Standard Definitions of Electrical Terms. New York 1941.

26 A. I. E. E.,: Test Code for Synchronous Machines. A. I. E. E. Nr. 503. New York 1945.

27 NÜRNBERG, W.: Die Prüfung elektrischer Maschinen. Berlin 1940.

28 TIMASCHEFF, A.: Stabilität elektrischer Drehstrom-Kraftübertragungen. Berlin 1940.

29 HURWITZ, A.: Mathematische Annalen, 46 (1895), S. 273, u. Gesammelte Werke II, S. 533.

30 FRANK, P. u. R. v. MISES: Die Differential- und Integralgleichungen der Mechanik und Physik. Bd. I, S. 162. Braunschweig 1930.

31 CONCORDIA, C. u. G. K. CARTER: Negative Damping of Electrical Machinery. Trans. Amer. Inst. electr. Engrs. 60 (1941), S. 116.

32 CLARKE, E., C. CONCORDIA u. C. N. WEYGANDT: Overvoltages Caused by Unbalanced Short Circuits (Effect of Amortisseur Windings). Trans. Amer. Inst. electr. Engrs. 57 (1938), S. 453.

33 LAIBLE, TH.: Influence de différentes constructions d'amortisseurs et des pôles massifs sur les constantes des altèrnateurs à pôles saillants. Rapport CIGRE Nr. 111, Paris 1950.

34 LAIBLE, TH.: Moderne Methoden zur Behandlung nichtstationärer Vorgänge in elektrischen Maschinen. Bull. schweiz. elektrotechn. Ver. 41 (1950), S. 525.

35 CONCORDIA, C.: Synchronous Machines. New York 1951.

Anhang.

I. Herleitung des Drehmoments aus der Leistungsbilanz.

Wir betrachten die Maschine als ein abgeschlossenes System im Sinne der Thermodynamik und stellen für dieses die Energiebilanz auf, für ein kurzes Zeitintervall δt. Ist A (gemessen in Nm = Ws) das von der antreibenden Maschine entwickelte Drehmoment, $\omega_{sm} = \pi n_s/30$ die synchrone mechanische Winkelgeschwindigkeit, so wird der Maschine die mechanische Energie

$$P_m \cdot \delta t = A \cdot n \cdot \omega_{sm} \cdot \delta t \tag{1}$$

zugeführt. Über die Statorklemmen nimmt die Maschine aus dem Netz die Energie

$$-P_e \cdot \delta t = -(u_a \cdot i_a + u_b \cdot i_b + u_c \cdot i_c) \cdot \delta t \tag{2}$$

und über die Polradklemmen aus der Erregerquelle die Energie

$$-P_f \cdot \delta t = + u_f \cdot i_f \cdot \delta t \tag{3}$$

auf. Die Summe dieser zugeführten Energien dient zur Deckung der Jouleschen Verluste $P_v \cdot \delta t$ (wir können uns die übrigen Verluste durch Zuschläge zu den Wicklungswiderständen berücksichtigt denken), zur Erhöhung der kinetischen Energie

$$\delta W_k = \delta\left(\frac{J \cdot n^2 \cdot \omega_{sm}^2}{2}\right) = J \cdot \omega_{sm}^2 \cdot n \cdot \delta n \tag{4}$$

und zur Erhöhung der magnetischen Energie δW_m.

Die Energiebilanz wird daher, wenn wir das bezogene Antriebsdrehmoment m_A und die Trägheitskonstante H einführen und die elektrische Leistung ebenfalls durch die bezogenen Werte von Strom und Spannung ausdrücken:

$$[P_n m_A n - P_n (u_d i_d + u_q i_q + 2 u_o i_o) + u_f i_f] \cdot \delta t = P_v \cdot \delta t + P_n 2 H n \cdot \delta n + \delta W_m \tag{5}$$

Drücken wir i_f und u_f ebenfalls durch die bezogenen Größen aus (Gl. 4, 28—29 und 5, 7), so können wir schreiben:

$$u_f i_f = u_f i_f R_f I^2_{fl} = u_f i_f \cdot \frac{2\pi f_n L_{ff}}{T_f} \cdot \frac{2 U^2_n}{(2\pi f_n)^2 L^2_{fd}} \tag{6}$$

$$= u_f i_f \frac{3 U^2_n}{T_f \, 2\pi f_n L_{dd} (1 - \sigma_{df})} = P_n \cdot \frac{u_f i_f}{x_d (1 - \sigma_{df}) T_f} \; .$$

Die Verlustleistung P_v können wir ganz entsprechend durch bezogene Größen ausdrücken:

$$P_v = r\,(i_a^2 + i_b^2 + i_c^2) + R_f\, i_f^2 + R_D\, i_D^2 + R_Q\, i_Q^2 \tag{7}$$
$$= P_n \left[r\,(i_d^2 + i_q^2 + 2\,i_o^2) + \frac{1}{x_d} \cdot \left(\frac{i_f^2}{(1-\sigma_{df})\,T_f} + \frac{i_D^2}{(1-\sigma_{dD})\,T_D} \right) + \frac{1}{x_q}\,\frac{i_Q^2}{(1-\sigma_q)\,T_Q} \right]$$

und ebenso die magnetische Energie:

$$W_m = \frac{1}{2}\,[(i_a\,\Psi_a + i_b\,\Psi_b + i_c\,\Psi_c) + i_f\,\Psi_f + i_D\,\Psi_D + i_Q\,\Psi_Q] \tag{8}$$
$$= \frac{P_n}{4\,\pi\,f_n} \left[(i_d\,\psi_d + i_q\,\psi_q + 2\,i_o\,\psi_o) + \frac{1}{x_d} \left(\frac{i_f\,\psi_f}{1-\sigma_{df}} + \frac{i_D\,\psi_D}{1-\sigma_{dD}} \right) + \frac{1}{x_q}\,\frac{i_Q\,\psi_Q}{1-\sigma_q} \right]$$

Mit Hilfe der Gl. (4, 42—44) findet man daraus

$$\delta W_m = \frac{P_n}{2\pi f_n} \cdot \left[(i_d\,\delta\,\psi_d + i_q\,\delta\,\psi_q + 2\,i_o\,\delta\,\psi_o) + \right. \tag{9}$$
$$\left. + \frac{1}{x_d} \left(\frac{i_f\,\delta\,\psi_f}{1-\sigma_{df}} + \frac{i_D\,\delta\,\psi_D}{1-\sigma_{dD}} \right) + \frac{i_Q\,\delta\,\psi_Q}{(1-\sigma_q)\,x_q} \right].$$

Die kleinen Änderungen der Flußverkettungen lassen sich schreiben:

$$\frac{1}{2\pi f_n} \cdot \delta\,\psi_d = \frac{\partial\,\psi_d}{\partial\,t} \cdot \frac{\delta\,t}{2\pi f_n} = \frac{\partial\,\psi_d}{\partial\,t} \cdot \delta \mathrm{t} \tag{10}$$

und entsprechend für alle übrigen. Darin ist zu beachten, daß die Ableitungen nach der bezogenen Zeit t (in radian) und nicht nach der Zeit t (in sec) gebildet werden. Setzt man die Ausdrücke (6), (7) und (9) in die Energiebilanz (5) ein, so hebt sich die Bezugsleistung P_n auf beiden Seiten weg. Nach entsprechender Zusammenfassung der Glieder findet man unter Beachtung von (10):

$$m_A\,n \cdot \delta\,\mathrm{t} = 2\,H\,n \cdot \delta\,n + \left[i_d \left(u_d + r i_d + \frac{\partial\,\psi_d}{\partial\,t} \right) + i_q \left(u_q + r i_q + \frac{\partial\,\psi_q}{\partial\,t} \right) + \right.$$
$$+ 2 i_o \left(u_o + r i_o + \frac{\partial\,\psi_o}{\partial\,t} \right) + \frac{i_f}{x_d\,(1-\sigma_{df})\,T_f} \cdot \left(-u_f + i_f + T_f\,\frac{\partial\,\psi_f}{\partial\,t} \right) + \tag{11}$$
$$\left. + \frac{i_D}{x_d\,(1-\sigma_{dD})\,T_D} \cdot \left(i_D + T_D\,\frac{\partial\,\psi_D}{\partial\,t} \right) + \frac{i_Q}{x_q\,(1-\sigma_q)\,T_Q} \cdot \left(i_Q + T_Q\,\frac{\partial\,\psi_Q}{\partial\,t} \right) \right] \cdot \delta\,\mathrm{t}\,.$$

Beachtet man die Spannungsgleichungen (5, 18—21), so sieht man, daß der Faktor von i_d: $n\,\psi_q$, derjenige von i_q: $-n\,\psi_d$ und die übrigen vier Null sind. Setzt man noch $\delta\,n = \frac{\partial n}{\partial t} \cdot 2\,\pi\,f_n \cdot \delta\,\mathrm{t}$ und dividiert durch $n \cdot \delta \mathrm{t}$, so erhält man

$$m_A = 4\pi f_n \cdot H \cdot \frac{\partial\,n}{\partial t} + \psi_q\,i_d - \psi_d\,i_q \tag{12}$$

Das ist unter Beachtung von (5, 15) genau die Bewegungsgleichung (5, 16).

II. Die modifizierte Laplace-Transformation.

Die ursprünglich von LAPLACE eingeführte Integraltransformation ordnet einer Funktion f (t) eine Funktion φ (p) zu durch die Beziehung

$$\varphi(p) = \int_0^\infty e^{-pt} f(t)\, dt. \tag{1}$$

Die Originalfunktion f (t) wird abgebildet durch die Bildfunktion φ (p). Dabei wird vorausgesetzt:

1. Für $t < 0$ ist $f(t) = 0$.

2. Für $t > 0$ ist f (t) so beschaffen, daß das Integral für beliebige komplexe Werte p mit $\mathrm{Re}(p) > p_0$ existiert. Die Konvergenzabszisse p_0 hängt dabei von f (t) ab.

Neben der ursprünglichen Form (1) wurde von CARSON und von VAN DER POL eine modifizierte Form der Transformation

$$g(p) = p\int_0^\infty e^{-pt} f(t)\, dt \tag{2}$$

eingeführt. Da durch die Multiplikation des Integrals mit p nichts Wesentliches geändert wurde, gelten für die modifizierte Form die gleichen einschränkenden Bedingungen wie oben. Von der am Schluß des Anhangs aufgeführten Literatur benützen DOETSCH, GARDNER-BARNES, GHIZZETTI, CHURCHILL, WIDDER und PARODI die Form (1); CARSON, VAN DER POL, WAGNER, MCLACHLAN-HUMBERT, CARSLAW-JAEGER, POTIER-LAPLUME und HERRENG die Form (2).

Aus den im Text dargelegten Gründen verwenden wir hier ebenfalls die Form (2) und schreiben kurz

$$g(p) = C(f[t]) \quad \text{(CARSON-Transformation)} \tag{3}$$

oder nach VAN DER POL: $$g(p) \mathrel{\hat{=}} f(t). \tag{4}$$

Im Text verwenden wir statt eines andern Buchstabens für die Transformierte aus den dort dargelegten Gründen die bis jetzt sonst nicht benutzte Bezeichnung $C(f[t]) = \tilde{f}(p)$.

Nachstehend geben wir eine Zusammenstellung der für uns wichtigen Beziehungen zwischen Original- und Bildfunktionen. Sie folgen alle direkt aus der Definitionsgleichung (2). Für die Herleitung verweisen wir auf die Literatur.

Linearität der Abbildung:

$$C[a_1 \cdot f_1(t) + a_2 \cdot f_2(t) + \ldots] = a_1 \cdot C[f_1(t)] + a_2 \cdot C[f_2(t)] + \ldots \tag{5}$$

$a_1, a_2 \ldots.$ sind beliebige Konstanten.

Ähnlichkeitssatz:

$$f(at) \doteqdot g(p/a) \qquad a \text{ reell, positiv.} \tag{6}$$

Verschiebungssätze:

$$f(t-a) \doteqdot e^{-pa} g(p), \quad f(t-a) = 0 \text{ für } t < a, \quad a \text{ reell, positiv,} \tag{7}$$

$$e^{-\alpha t} f(t) \doteqdot \frac{p}{p+\alpha} \cdot g(p+\alpha), \quad \alpha \text{ beliebig komplex, aber } \operatorname{Re}(p+\alpha) > p_0. \tag{8}$$

Differentiation:

$$\frac{df(t)}{dt} \doteqdot pg(p) - p \cdot f(0), \tag{9}$$

$$tf(t) \doteqdot -p \frac{d}{dp}\left[\frac{1}{p} g(p)\right]. \tag{10}$$

Integration:

$$\int_0^t f(z)\,dz \doteqdot \frac{1}{p} g(p), \tag{11}$$

$$\frac{1}{t} f(t) \doteqdot p \int_p^\infty \frac{1}{q} g(q)\,dq, \tag{12}$$

$$\int_{t_1}^{t_2} \frac{1}{z} f(z)\,dz \doteqdot - \int_{p_1}^{p_2} \frac{1}{q} g(q)\,dq, \tag{13}$$

$$\int_0^\infty \frac{1}{z} f(z)\,dz = \int_0^\infty \frac{1}{q} g(q)\,dq. \tag{14}$$

(Man beachte, daß die beiden Integrale in (14) gleich sind, nicht nur entsprechend!)

Faltungssätze:

$$f_1(t) * f_2(t) = \int_0^t f_1(z) \cdot f_2(t-z)\,dz = \int_0^t f_1(t-z) \cdot f_2(z)\,dz \doteqdot \frac{1}{p} \cdot g_1(p) \cdot g_2(p), \tag{15}$$

$$f_1(t) \cdot f_2(t) \doteqdot \frac{p}{2\pi j} \cdot \oint \frac{g_1(q) \cdot g_2(p-q)}{q \cdot (p-q)} \cdot dq. \tag{16}$$

Hier ist das Integral in der komplexen Zahlenebene über einen Kreis vom Radius r zu nehmen, wobei $p_{01} < r < |p| - p_{02}$ sein muß. Es ist gültig für $|p| > p_{01} + p_{02}$. Ferner muß kontrolliert werden, ob für die Produktfunktion links das Laplace-Integral existiert.

Grenzwerte:

$$\lim_{t \to \infty} f(t) = \lim_{p \to 0} g(p), \tag{17}$$

$$\lim_{t \to 0} f(t) = \lim_{p \to \infty} g(p). \tag{18}$$

Diese beiden Formeln sind so zu verstehen: Falls die Grenzwerte links überhaupt existieren, sind sie gleich dem entsprechenden Grenzwert rechts. Letztere existieren stets auf Grund der Definition (2) und den dort genannten Bedingungen.

Tabelle 1. *Einige spezielle Funktionen:*

	f (t)	g (p)	p_0
Konstante (Stoß)	$A \cdot 1(t)$ $1(t) = \begin{cases} 0 & t < 0 \\ 1 & t > 0 \end{cases}$	A	0
	$1(t-a)$	e^{-pa}	0
Endlicher Impuls	$f(t) = \begin{cases} 0 & t < a \\ 1 & a < t < b \\ 0 & t > b \end{cases}$	$e^{-pa} - e^{-pb}$	0
Unendlich kurzer Impuls	$\delta(t)\ \int_{-\infty}^{\infty} \delta(t)\, dt = 1$	p	$-\infty$
Allgemeine Potenz	t^{ν} $\operatorname{Re}\nu > -1$	$\frac{1}{p^{\nu}}\, \Gamma(\nu+1)$	0
n ganz $\geqq 0$	t^n	$\frac{n!}{p^n}$	0
	$\sqrt{t}$	$\frac{1}{2}\sqrt{\pi/p}$	0
	$1/\sqrt{t}$	$\sqrt{\pi p}$	0
Exponentialfunkt.	$e^{-\alpha t}$	$\frac{p}{p+\alpha}$	0
	$e^{\alpha t}$	$\frac{p}{p-\alpha}$	$\operatorname{Re}(\alpha)$
Trigonometrische Funktionen	$\sin(\beta t)$	$\frac{p \cdot \beta}{p^2+\beta^2}$	$\lvert\operatorname{Im}(\beta)\rvert$
	$\cos(\beta t)$	$\frac{p^2}{p^2+\beta^2}$	$\lvert\operatorname{Im}(\beta)\rvert$
	$\cos(\beta t - \varphi)$	$\frac{p^2 \cos\varphi + p\beta\sin\varphi}{p^2+\beta^2}$	$\lvert\operatorname{Im}(\beta)\rvert$
Zusammengesetzte Funktionen	$e^{-\alpha t}\cos(\beta t - \varphi)$	$\frac{p^2\cos\varphi + p(\alpha\cos\varphi + \beta\sin\varphi)}{p^2 + 2p\alpha + (\alpha^2+\beta^2)}$	$\lvert\operatorname{Im}(\beta)\rvert$ $-\operatorname{Re}(\alpha)$
	$t^n \cdot e^{\alpha t}$	$\frac{p \cdot n!}{(p-\alpha)^{n+1}}$	$\operatorname{Re}(\alpha)$

Entwicklungssatz: Ist g (p) eine allgemeine rationale Funktion, so läßt sie sich in der Form $g(p) = Q(p)/P(p)$ schreiben, wo P (p) ein Polynom

n. Grades und $Q(p)$ ein Polynom m. Grades ist. $g(p)$ kann nur dann eine Bildfunktion sein, wenn $m \leqq n$ ist. Nach einem bekannten Satz der Algebra läßt sich ein solcher Ausdruck in Partialbrüche zerlegen:

$$\frac{Q(p)}{P(p)} = A_0 + \frac{A_1}{p-\alpha_1} + \frac{A_2}{p-\alpha_2} + \ldots + \frac{A_n}{p-\alpha_n} = A_0 + \sum_{r=1}^{n} \frac{A_r}{p-\alpha_r}. \qquad (19)$$

Darin sind die α_1 bis α_n die Wurzeln der Gleichung $P(p) = 0$, die wir alle als voneinander verschieden annehmen. Aus der Tabelle 1 und Gl. (11) finden wir als Originalfunktion zum allgemeinen Glied:

$$\frac{A_r}{p-\alpha_r} = \frac{A_r}{p} \cdot \frac{p}{p-\alpha_r} \doteqdot A_r \int_0^t e^{\alpha_r z}\, dz = \frac{A_r}{\alpha_r} \cdot (e^{\alpha_r t} - 1) \qquad (20)$$

und daher

$$\frac{Q(p)}{P(p)} \doteqdot A_0 + \sum_1^n \frac{A_r}{\alpha_r} \cdot (e^{\alpha_r t} - 1) = A_0 - \sum_1^n \frac{A_r}{\alpha_r} + \sum_1^n \frac{A_r}{\alpha_r} \cdot e^{\alpha_r t}$$

$$= \frac{Q(0)}{P(0)} + \sum_1^n \frac{A_r}{\alpha_r} \cdot e^{\alpha_r t}. \qquad (21)$$

Setzen wir darin die ebenfalls aus der Algebra bekannte Beziehung für den Koeffizienten des allgemeinen Gliedes

$$A_r = Q(\alpha_r) / P'(\alpha_r) \qquad (22)$$

ein, wo $P'(\alpha_r)$ die Ableitung des Polynoms $P(p)$ an der Stelle $p = \alpha_r$ bedeutet, so erhalten wir den sogenannten Entwicklungssatz in der Form

$$\frac{Q(p)}{P(p)} \doteqdot \frac{Q(0)}{P(0)} + \sum_{r=1}^{n} \frac{Q(\alpha_r)}{\alpha_r \cdot P'(\alpha_r)} \cdot e^{\alpha_r t}. \qquad (23)$$

Die α_r sind entweder reelle oder paarweise konjugiert-komplexe Zahlen. Die beiden Glieder der Summe (23), die zu einem Paar konjugiert-komplexer Wurzeln, z. B. $\alpha_{1/2} = -\beta \pm j\upsilon$ gehören, lassen sich zu einem reellen Ausdruck zusammenfassen:

$$\frac{Q(p)}{P(p)} \doteqdot \frac{Q(0)}{P(0)} + 2C \cdot e^{-\beta t} \cos(\upsilon t + \varphi) + \sum_3^n \frac{Q(\alpha_r)}{\alpha_r \cdot P'(\alpha_r)} e^{\alpha_r t}, \qquad (24)$$

wobei
$$C \cdot e^{j\varphi} = \frac{Q(-\beta + j\upsilon)}{(-\beta + j\upsilon)\, P'(-\beta + j\upsilon)}. \qquad (25)$$

Zusammenhang zwischen Bildfunktion und stationärer Wechselstromlösung: In einem beliebigen Netzwerk sei die Abhängigkeit eines bestimmten Zweigstroms i von der Spannung u an einem gegebenen Klemmenpaar durch den Admittanzoperator $Y(p)$ dargestellt, das heißt es sei abgesehen von den Beiträgen der Anfangswerte

$$\tilde{\imath} = Y(p) \cdot \tilde{u}. \qquad (26)$$

(Diese Gleichung definiert, was wir unter dem oben eingeführten Begriff „Admittanzoperator" verstehen wollen.) Die Spannung u sei nun eine Wechselspannung, die plötzlich eingeschaltet werde:

$$u = \hat{u} \cdot \cos(\nu t - \varphi) \risingdotseq \hat{u} \cdot \frac{p^2 \cos\varphi + p\nu \sin\varphi}{p^2 + \nu^2}. \tag{27}$$

Damit erhält man die Bildfunktion des Stromes

$$\tilde{i} = \hat{u} \cdot Y(p) \cdot \frac{p^2 \cos\varphi + p\nu \sin\varphi}{p^2 + \nu^2}. \tag{28}$$

Die Admittanz sei eine gebrochene rationale Funktion von p. Das trifft stets zu, wenn das betrachtete Netzwerk ein passives Netzwerk mit konzentrierten Elementen (Widerstände, Induktivitäten und Kapazitäten) ist. Y (p) hat also die oben betrachtete Form Q (p) / P (p). $\tilde{i}$ ist dann ebenfalls eine gebrochene rationale Funktion, hat also die Form M (p) / N (p), worin

$$\left.\begin{aligned} M(p) &= \hat{u} \cdot Q(p) \cdot (p^2 \cos\varphi + p\nu \sin\varphi), \\ N(p) &= P(p) \cdot (p^2 + \nu^2). \end{aligned}\right\} \tag{29}$$

Wendet man auf (28) den Entwicklungssatz an, so hat man zuerst die Wurzeln der Gleichung N (p) = 0 zu bestimmen. Diese bestehen aus den n-Wurzeln α_r von P(p) = 0 und den beiden Wurzeln $\pm j\nu$ von $p^2 + \nu^2 = 0$. Aus (29) erhält man daher:

$$\left.\begin{aligned} M(0) &= 0, \\ M(\pm j\nu) &= -\nu^2 \hat{u} \cdot Q(\pm j\nu) \cdot e^{\mp j\varphi}, \\ N'(p) &= 2p \cdot P(p) + (p^2 + \nu^2) \cdot P'(p), \\ \text{also} \quad N'(\pm j\nu) &= \pm j\, 2\nu \cdot P(\pm j\nu) \end{aligned}\right\} \tag{30}$$

und daher

$$\begin{aligned} i &= \frac{M(0)}{N(0)} + \frac{M(j\nu)}{j\nu N'(j\nu)} \cdot e^{j\nu t} + \frac{M(-j\nu)}{-j\nu N'(-j\nu)} \cdot e^{-j\nu t} + \sum_{r=1}^{n} \frac{M(\alpha_r)}{\alpha_r N'(\alpha_r)} \cdot e^{\alpha_r t} \\ &= 2 \cdot \mathrm{Re}\left(\frac{-\nu^2 \hat{u} \cdot Q(j\nu)}{-2\nu^2 \cdot P(j\nu)} \cdot e^{j(\nu t - \varphi)}\right) + \sum_{r=1}^{n} \frac{M(\alpha_r)}{\alpha_r N'(\alpha_r)} \cdot e^{\alpha_r t}. \end{aligned} \tag{31}$$

Unter der gemachten Voraussetzung, daß das Netzwerk passiv sei, haben alle Wurzeln von P (p) = 0 negativen reellen Teil. Daher verschwinden nach genügend langer Zeit sämtliche Glieder der rechts stehenden Summe. Als stationäre Lösung bleibt also nur das erste Glied von (31) übrig:

$$i_{stat} = \mathrm{Re}\left(\hat{u} \cdot \frac{Q(j\nu)}{P(j\nu)} \cdot e^{j(\nu t - \varphi)}\right) = \mathrm{Re}\left[\hat{u} \cdot Y(j\nu) \cdot e^{j(\nu t - \varphi)}\right]. \tag{32}$$

Man erhält also aus dem Admittanzoperator Y (p) einfach die Admittanz für den eingeschwungenen Zustand mit der Kreisfrequenz ν, indem man p durch j ν ersetzt.

Die angestellten Überlegungen bleiben genau gleich, wenn wir statt eines Zweigstromes eine Zweigspannung oder eine Flußverkettung suchen. Nur ist dann Y (p) keine Admittanz mehr, sondern z. B. für eine Zweigspannung ein Übersetzungsverhältnis.

Literatur über die Laplace-Transformation.

CARSON, J.: Electric Circuit Theory and the Operational Calculus. McGraw-Hill Book Co., New York, 1926. Berlin: Springer, 1929 (Deutsche Übersetzung).
VAN DER POL, B.: Philosophical Magazine, 7 (1929) p. 1153; 8 (1929) p. 861.
VAN DER POL, B. und K. F. NIESSEN: Symbolic Calculus. Philosophical Magazine, 13 (1932) p. 537.
DOETSCH, G.: Theorie und Anwendung der Laplace-Transformation. Berlin: Springer, 1937. New York: Dover Publications, 1943.
WAGNER, K. W.: Operatorenrechnung nebst Anwendungen in Physik und Technik. Leipzig: J. A. Barth, 1940.
CARSLAW, H. S. u. J. C. JAEGER: Operational Methods in Applied Mathematics. Oxford u. New York: Clarendon Press, 1941.
WIDDER, D. V.: The Laplace Transform. Princeton University Press, 1941.
MCLACHLAN, N. W. u. P. HUMBERT: Formulaire pour le Calcul symbolique. Mémorial des Sciences mathématiques, fasc. 100. Paris, 1941.
GARDNER, M. F. u. J. L. BARNES: Transients in Linear Systems. Vol. I. New York: J. Wiley & Sons, 1942.
GHIZZETTI, A.: Calcolo simbolico. Bologna: Zanichelli, 1943.
POTIER, R. u. J. LAPLUME: Le calcul symbolique. Paris: Herrmann, 1943.
CHURCHILL, R. V.: Modern Operational Mathematics in Engineering. New York: Mc Graw-Hill Book Co., 1944.
HERRENG, P.: Les applications du calcul opérationnel. Paris: Masson & Cie., 1944.
DOETSCH, G.: Tabellen zur Laplace-Transformation. Berlin: Springer, 1947.
PARODI, M.: Applications physiques de la transformation de Laplace. Centre national de la recherche scientifique, Paris, 1948.
DOETSCH, G.: Handbuch der Laplace-Transformation, Bd. I. Basel: Birkhäuser, 1950.

III. Erläuterungen zu den beigegebenen Photographien.

Die dem Buch beigegebenen Photographien sollen an charakteristischen Beispielen die verschiedenen Ausführungsformen zeigen. Die Ständerwicklungen der größeren Maschinen sind in der Regel Zweistabwicklungen (Abb. 9 und 48) mit Ausnahme der Schnelläufer, bei denen gerne Einstabwicklungen mit Evolventenverbindern ausgeführt werden (Abb. 1). Größere Mannigfaltigkeit herrscht bei den Polrädern. Bei mäßigen Umfangsgeschwindigkeiten verwendet man durch Schrauben am Polradkranz befestigte Einzelpole, die in der Regel aus Blech aufgebaut sind (Abb. 27 und 48). Bei höhern Umfangsgeschwindigkeiten erfolgt die Befestigung durch Schwalbenschwänze oder bei sehr hohen Beanspruchungen durch eine Klauenkonstruktion (Abb. 9 und 10). Bei den Turbogeneratoren für 3000 U/min wird allgemein die Vollpolbauart verwendet (Abb. 49). Für 4- und große 6polige Maschinen hat die

Maschinenfabrik Oerlikon eine besondere Bauart entwickelt, bei der der eigentliche Rotor und die Polkerne einen aus Stahlplatten zusammengesetzten Körper darstellen, während die Polschuhe aus einer größeren Zahl in Schlitze des Polkörpers eingepaßten Stahlstücken gebildet werden (Abb. 1).

Je nach der Aufgabe, die sie zu erfüllen hat, weist auch die Dämpferwicklung verschiedene Ausführungsformen auf. Wenn es darauf ankommt, einen Generator zur Abgabe stark unsymmetrischer Belastung

Abb. 48. Vertikaler Wasserkraftgenerator für 18 MVA, 115,4 U/min beim Zusammenbau auf dem Prüfstand.

zu befähigen oder wenn er einen großen Anteil von Gleichrichterlast übernehmen soll, sind großer Kupferquerschnitt der Dämpferwicklung und kräftige Verbindungen von Pol zu Pol wichtig. Abb. 9 zeigt ein Beispiel einer solchen Ausführung. Zur Erzeugung eines guten Anzugsmoments und starker Dämpfung bei größerem Schlupf ist ein kleinerer Kupferquerschnitt, aber ebenfalls gute Verbindung zwischen den Polen erwünscht. Aus konstruktiven (Polbefestigung) oder elektrischen Gründen (gute Kurvenform, möglichste Gleichheit der subtransienten Reaktanzen von Längs- und Querachse) wird dabei oft eine ungleichmäßige Verteilung der Stäbe über den Polbogen bevorzugt. Abb. 1 zeigt ein Beispiel für einen schnellaufenden Motor und Abb. 48 ein solches für einen langsamlaufenden Vertikalgenerator. Genügt eine geringere Dämpferwirkung, so verzichtet man zur Vereinfachung auf die Verbindungen zwischen den Polen (Polgitter Abb. 15), oder man verwendet Pole aus massivem Stahl (Abb. 10).

Dieselgeneratoren werden im allgemeinen mit einer vollständigen Dämpferwicklung ausgerüstet, da die damit erzielbare starke Dämpfung auch einen zeitweiligen Betrieb bei der Resonanzdrehzahl erlaubt. Immerhin weicht man den stärksten Anregungsfrequenzen durch Erhöhung des Schwungmoments nach Möglichkeit aus. Bei kleinen Maschinen wählt man meist eine normale Bauart und ordnet ein besonderes Schwungrad an. Bei größeren Maschinen ist es aber meistens wirtschaftlicher, das vergrößerte Schwungmoment durch Verstärkung des Jochkranzes zu erhalten. Abb. 27 zeigt eine solche Ausführung. Die gleiche

Abb. 49. Vollpolrotor eines Turbogenerators für 60 MVA, 3000 U/min.

Bauart findet man auch bei Synchronmotoren zum Antrieb von Kolbenkompressoren.

Bei den Vollpolrotoren der Turbogeneratoren gibt schon der massive Stahlkörper eine gewisse Dämpfung. Meistens begnügt man sich aber nicht damit, sondern ordnet einen vollständigen Dämpferkäfig an, indem man die aus leitendem Material bestehenden Nutenverschlußkeile an den Enden durch Kurzschlußringe verbindet. Die Nutenverschlußkeile sind mit Löchern zum Durchtritt der Kühlluft versehen (Abb. 49).

Über den Einfluß der verschiedenen Ausführungsarten der Dämpferwicklung auf die Konstanten der Maschinen und das dadurch bedingte Verhalten gegenüber verschiedenen Störungen hat der Verfasser eine Untersuchung veröffentlicht [33].

In der amerikanischen Literatur finden sich zahlreiche Angaben über die normalen Werte der verschiedenen Konstanten für amerikanische Maschinen [z. B. 14 und 20]. Nachstehende Tabelle 2, die vom Verfasser an Hand von Maschinen der Maschinenfabrik Oerlikon aufgestellt wurde [34], dürfte allgemein für die europäische Praxis ziemlich zutreffend sein.

Tabelle 2. *Charakteristische Konstanten von Drehstrom-Maschinen.*

	x_d	x_d'	x_d''	$\frac{1}{\alpha_{d1}} = T_{do}'$ sec	$\frac{1}{\beta_{d1}} = T_d'$ sec	$\frac{1}{\beta_{d2}} = T_d''$ sec	$\frac{1}{\alpha_r} = T_r$ sec	$\frac{x_q}{x_d}$	$\frac{x_q''}{x_d''}$	H $\frac{\text{kWsec}}{\text{kVA}}$
Turbogeneratoren	2,0...2,3	0,25...0,30	0,15...0,20	4...7	0,6...1	0,02...0,04	0,10...0,25	0,8...0,9	1	5...7
Wasserkraft Generatoren										
Ohne Dämpferwicklung	0,9...1,6	0,3...0,4	0,25...0,35	3...7	0,8...2	0,01	0,4...0,6	0,55...0,70	2...3	2...4
Mit Polgittern	0,9...1,6	0,3...0,4	0,25...0,30	3...7	0,8...2	0,03...0,08	0,2...0,4	0,55...0,70	2,5...3,5	2...4
Mit vollständiger Dämpferwicklung	0,9...1,6	0,3...0,4	0,20...0,25	3...7	0,8...2	0,03...0,08	0,15...0,30	0,55...0,70	0,9...1,3	2...4
Mit massiven Polen	0,9...1,6	0,3...0,4	0,20...0,30	3...7	0,8...2	0,04	0,2...0,4	0,55...0,70	1,2...1,5	2...4
Synchron-Motoren	1,0...1,5	0,25...0,50	0,15...0,35	2...3	0,5...1,5	0,01...0,02	0,02...0,10	0,6...0,8	1	0,5...1,5
Asynchron-Motoren	3...5	—	0,20...0,40	—	—	0,01...0,05	0,01...0,1	1	1	0,05...1,5

Sachverzeichnis.

Abschaltvorgang 99, 100
Abschirmende Wirkung der Dämpferwicklung 28, 57, 64
Achsengrößen 19, 20
Admittanzoperatoren 41, 42
Anfachung 78, 83
Anker siehe Stator
Anker-Zeitkonstante 46, 125
Anlauf, asynchroner 53, 54
— -Widerstand 53
— -Zeitkonstante 33
Asymmetrisches Glied des Kurzschlußstroms 46, 92
Asymmetrischer Kurzschlußmoment 47
Asynchroner Anlauf 53, 54
— Betrieb 51
— — bei erregtem Polrad 57

Belastungs-Einfluß auf kritischen Widerstand 85, 86
— — Kurzschlußstrom 93, 94
— — Pendelreaktanz 82
— — Schwingungen 76, 77
Belastung, unsymmetrische 61, 123
Bewegungsgleichung 31, 32, 33, 34, 59, 75, 89, 116
Bezogene Größen 12, 13, 14, 15, 24, 32
Bezugsgrößen 12, 24, 25, 32
Bezugssinn 4, 17, 49
Bildbereich 35, 117
Bildfunktion 35, 117
Blindleistung 16
Blindleistungsmaschine 85, 86
Bremsmoment 58, 60, 65, 112

Carson-Transformation 117

Dämpferwicklung 11, 29, 40, 41, 47, 54, 59, 64, 66, 69, 77, 81, 83, 85, 86, 104, 105, 108, 109, 112, 114, 123, 124, 125
—, Zeitkonstanten 30, 41
Dämpfung, negative 78, 83
Dämpfungs-Dekrement 39, 40, 42, 75, 91, 92, 98, 106, 107, 125
— -Konstante 60, 73
— -Moment 60, 73
Dauerkurzschluß 7
— -Strom 7, 46, 92, 97, 105, 110
Diesel-Generator 74, 76, 77, 80, 82, 124,
Drehmoment 22, 116
—, Antriebs- 32, 75, 115
Drehmoment, asynchrones 52, 53, 54, 55
—, bremsendes 58, 60, 65, 112
—, Dämpfungs- 60, 73
—, Hochlauf- 60, 61
—, Nenn- 17
—, Pendel- 55
—, Reaktions- 55
—, stationäres 16
—, synchronisierendes 58, 73
— bei kleinen Schwingungen 72, 73
— — unsymmetrischer Belastung 64, 65
— im Kurzschluß 111, 112
Dreisträngiger Kurzschluß siehe Kurzschluß
Dreiwicklungstransformator 28, 29
Dritte Harmonische der Gegenspannung 64, 65

Eigenfrequenz 75
Einphasenmaschine 66, 67, 123
EMK, Leerlauf- 4, 11, 15
—, hinter der Stoßreaktanz 96, 97
—, — — flüchtigen Stoßreaktanz 95, 96
—, Pendel- 81
—, Rotations- 23
—, Transformations- 23
Energie-Bilanz 115
—, kinetische 32, 33, 115
—, magnetische 10, 115, 116
Erregerstrom siehe Feldstrom
Erzwungene Schwingung 74

Feldstrom 12, 17, 18, 24, 43
—, AIEE-Methode zur Bestimmung des 17, 18
— im dreisträngigen Kurzschluß 9, 100, 101
— im zweisträngigen Kurzschluß 104
—, Wechselstromanteil bei unsymmetrischer Belastung 64
Feld-Wicklung 4, 24
— -Zeitkonstante 31, 41
Flüchtige Stoßreaktanz 12, 14, 29, 39, 42, 125
Flüchtiger Stoßstrom 12, 46, 92, 104
Flüchtige Stoßzeitkonstante 46, 125
Flußverkettung 5, 12, 16, 22, 23, 24, 34, 39
—, Methode der konstanten 59, 60, 95, 96, 97, 103

Fourier-Reihe des zweisträngigen Kurzschlußstroms 104, 110
— der Spannung am offenen Strang 109
Freie Schwingung 83
Frequenz der erzwungenen Schwingung 74, 75
— der freien Schwingung 84
— der wiederkehrenden Spannung 102

Gegenfeld-Impedanz 63, 64
— -Reaktanz 64, 66, 106, 110
— -Widerstand 64, 65, 66
Gegen-Spannung 63, 64, 66
— -Strom 61, 62
— -System 61, 62, 66
Gleichstrom-Glied siehe asymmetrisches Glied
— -Maschine als Modell 6

Hochfrequenter Anteil der wiederkehrenden Spannung 101, 102
Hochlauf-Drehmoment 60, 61
— -Versuch 61

Induktivität, Längsfeld- 5, 23, 24
—, Querfeld- 5, 23, 24
„Inertia-constant" 32

Kolbenkompressorantriebe 74, 124
Kritischer Widerstand 84, 85, 86
Kurzschluß-Charakteristik 8, 14
— -Drehmoment 111, 112
—, dreisträngiger 7, 9, 43, 89
—, —, Einfluß der Belastung 93, 94
—, —, Einfluß des Statorwiderstandes 90—94
—, —, Dämpfungsdekremente 91, 92, 98, 125
— -Impedanz 28, 29
— -Oszillogramme 9, 47
—, Stoßerregung 98
— -Strom, asymmetrischer Anteil 9, 46, 92, 106
— —, dauernder 8, 9, 46, 92, 97, 99, 105, 106
— —, flüchtiger Stoß- 11, 12, 46, 92, 97, 104, 106
— —, Gleichstrom-Anteil 9, 46, 92, 97, 106
— —, stationärer 8, 9, 46, 92, 97, 99, 105, 106
— —, Stoß- 10, 11, 46, 92, 97, 106
— -Verhältnis 8, 14
—, zweisträngiger 102, 110
— —, Spannung am offenen Strang 108, 110

Laplace-Transformation 35, 117
— —, modifizierte 35, 117
Längsachse 5, 24
Längsfeld-Flußverkettung 5, 24
Längsfeld-Induktivität 5, 24
Leerlauf-Charakteristik 8, 14, 74
— -Feldstrom 8, 14
— -EMK 4, 11, 15
— -Impedanz 28
— -Spannung 5, 8, 11, 15, 16, 28
— -Übersetzung 28
Leistungsbilanz 115
Leistung, Blind- 16
—, Schein- 12
—, Wirk- 16, 21
Lichtbogendauer 99, 100, 101
Luftspaltlinie 8, 15

Magnetische Energie 10, 115, 116
Magnetisierungskurve 8, 74
Massive Pole 11, 123, 124, 125
Mechanische Zeitkonstante 33
Mit-System 61, 62, 66
Modellmaschine 6, 7, 11

Negative Dämpfung 78, 83
Negatives System siehe Gegensystem
Null-Reaktanz 26
Null-Stellen, der Admittanzoperatoren 39, 40, 42
— — Reaktanzoperatoren 40, 42
— — charakteristischen Gleichung für freie Schwingungen 83, 84, 86
— — — — für den dreisträngigen Kurzschluß 90, 91
— — — — für den zweisträngigen Kurzschluß 107
— -Strom 20, 62
— -System 20, 22, 23, 26, 36, 62

Operatoren-Koeffizienten 39
— -Rechnung 35, 49, 50
—, Admittanz- 41, 42
—, Reaktanz- 39, 40, 42
—, Übersetzungs- 39, 42, 43
Originalbereich 35, 117
— -Funktion 35, 117
Ortskurven der Reaktanzoperatoren 67

„Park"sche Gleichungen 49, 50
Pendel-EMK 81, 82
— -Frequenz 70, 75, 82, 83, 84
— -Reaktanz 81, 82
— -Winkel 70, 75, 81
„Per-Unit system" 12
Phasenschieber 85, 86
Polgitter 47, 123, 125
Polrad s. Feld-
Polradwinkel 17, 58, 60, 70, 93, 94
Positives System siehe Mitsystem
Potier-Reaktanz 18
— -Spannung 18

Querachse 5, 24
Querfeld-Flußverkettung 5, 24
— -Induktivität 5, 24

Reaktanz, Gegenfeld- 64, 66, 106, 110
—, Null- 26
— -Operator 39, 40, 42
—, Pendel- 81, 82
—, Potier- 18
—, synchrone 7, 14, 39, 125
—, Stoß- 11, 14, 41, 125
—, flüchtige Stoß- 12, 14, 29, 30, 39, 42, 125
Reaktions-Moment 55
— -Motor 55
Resonanz 75, 76
— -Modul 75
Rotations-EMK 23

Sättigungs-Einfluß 73, 74
— -Maß 14, 18
Schalterprüfung 98
Schaltmoment 46, 47, 48, 102, 109, 111, 112
Schlupf 32, 51, 62, 67, 68, 73, 87
Schwebungsversuch 56
Schwingungen, erzwungene 74
—, freie 83
—, kleine 70
Schwingungsgleichung 71, 75, 83
Schwungmoment 33
Selbstregelung 88
Spannungsgleichungen 15, 23, 30, 31
Spannung, Gegen- 63, 64, 66
—, Leerlauf- 5, 8, 15, 16, 28
—, Potier- 18
—, wiederkehrende 99—102
— am offenen Strang 108—110
Stabilitätsbedingung 85, 86, 89
Stationärer Betrieb 5, 15, 16
Stationäres Glied des Kurzschlußstroms 8, 9, 46, 92—97, 99, 105, 106
Stator-Stromwärme 13, 14, 116
— -Widerstand, Einfluß auf Schwingungen 77, 80
— —, Einfluß auf Kurzschluß 90—94
— —, kritischer 84, 85, 86
Steilheit der wiederkehrenden Spannung 102
Störungen, kleine 59, 60, 87, 88
Stoßerregung 97—101
Stoßerregungsfaktor 98
Stoßkurzschlußstrom 10, 11, 46, 92—97, 106
—, flüchtiger 11, 12, 46, 92—97, 104, 106
Stoßreaktanz 11, 14, 41, 125
—, flüchtige 12, 14, 29, 30, 39, 42, 125
Stoßzeitkonstante 46, 125
—, flüchtige 46, 125
Stranggrößen 6, 19, 20
Streukoeffizienten 11, 25, 26, 29, 30, 41
Stromschwankung 79, 80, 81
Stromwärmeverlust im Stator 13, 14, 116
— im Feld 116
— in der Dämpferwicklung 116
„subtransient component“ 46, 92
„subtransient reactance“ 12
„sustained current“ 46
Symmetrische Komponenten 61
Symmetrischer Kurzschlußmoment 48
Synchrone Reaktanz 7, 14, 39, 125
Synchronisierendes Drehmoment 58, 73
Synchronisierziffer 73
Synchronmotor 3, 74, 123, 124, 125

Trägheits-Konstante 32, 33, 125
— -Moment 31
Transformations-EMK 23
„transient component“ 46, 92
„transient reactance“ 11
Turbogenerator 122, 124, 125

Übersetzung, Leerlauf- 28
Übersetzungsoperatoren 39, 42, 43
Überspannung im zweisträngigen Kurzschluß 109
Ungleichförmigkeitsgrad 76
Unsymmetrie der Dämpferwicklung 105, 108, 109, 125
Unsymmetrische Belastung 61

Vollpolrotor 61, 122, 124

Wasserkraft-Generator 10, 11, 54, 55, 68, 123, 125
Widerstand, Anlauf- 53
—, kritischer 84, 85, 86
Wiederkehrende Spannung 99, 101
Winkel, Pendel- 70, 75, 81
—, Phasen- 5, 55
—, Polrad- 17, 58, 59, 60, 70, 93, 94
— zwischen Längsachse und Statorstrang 19, 22, 32, 46, 51, 58, 79, 102, 109, 111, 112
Wirkleistung 16, 21

Zeigerdiagramm, Drehstrommaschine 5, 16
—, Einphasenmaschine 66, 67
—, pendelnde Maschine 79—81
Zeitkonstante, Anker- 46, 125
—, Anlauf- 33
—, Dämpfer- 30, 41
—, Feld- 31, 41
—, mechanische 33
—, Stoßkurzschluß- 46, 125
—, flüchtige Stoßkurzschluß- 46, 125
Zweisträngiger Kurzschluß siehe Kurzschluß

GPSR Compliance

The European Union's (EU) General Product Safety Regulation (GPSR) is a set of rules that requires consumer products to be safe and our obligations to ensure this.

If you have any concerns about our products, you can contact us on ProductSafety@springernature.com

In case Publisher is established outside the EU, the EU authorized representative is:

Springer Nature Customer Service Center GmbH
Europaplatz 3
69115 Heidelberg, Germany

Batch number: 10682323

Printed by Printforce, the Netherlands